Edward Ken Essuman

Extração de proteínas de fetos e suas propriedades físico-químicas

Edward Ken Essuman

Extração de proteínas de fetos e suas propriedades físico-químicas

ScienciaScripts

Imprint
Any brand names and product names mentioned in this book are subject to trademark, brand or patent protection and are trademarks or registered trademarks of their respective holders. The use of brand names, product names, common names, trade names, product descriptions etc. even without a particular marking in this work is in no way to be construed to mean that such names may be regarded as unrestricted in respect of trademark and brand protection legislation and could thus be used by anyone.

Cover image: www.ingimage.com

This book is a translation from the original published under ISBN 978-3-659-87128-3.

Publisher:
Sciencia Scripts
is a trademark of
Dodo Books Indian Ocean Ltd. and OmniScriptum S.R.L publishing group

120 High Road, East Finchley, London, N2 9ED, United Kingdom
Str. Armeneasca 28/1, office 1, Chisinau MD-2012, Republic of Moldova, Europe
Managing Directors: Ieva Konstantinova, Victoria Ursu
info@omniscriptum.com

Printed at: see last page
ISBN: 978-620-8-56602-9

ÍNDICE DE CONTEÚDOS:

DEDICAÇÃO

À minha família, Sr. Douglas Essuman, Sra. Clara Tsiquaye, Richard Crispin Essuman e Augustina Arita Essuman.

RECONHECIMENTO

Antes de mais, gostaria de agradecer à direção da Escola de Estudos de Pós-Graduação da Universidade de Ciência e Tecnologia Kwame Nkrumah, que me ofereceu a admissão para prosseguir os meus estudos de pós-graduação. Agradeço também à minha orientadora, a Sra. Gloria M. Ankar-Brewoo. Sem a sua paciência e o seu encorajamento, esta tese não teria sido possível. Agradeço sinceramente o inestimável apoio académico e pessoal que recebi dela ao longo desta tese. Tenho uma dívida de gratidão para com o Sr. Isaac Williams Ofosu pelos seus conselhos e encorajamento para melhorar a tese em muitos aspectos. Estou também grato ao Sr. J. Barimah por ter dedicado tempo a ler a tese. O autor está grato ao Departamento de Química da Universidade de Ciência e Tecnologia Kwame Nkrumah pela utilização dos seus equipamentos.

Ao Sr. John Apatey, do Departamento de Ciência Alimentar, Energia Atómica do Gana, gostaria de agradecer o seu imenso apoio na liofilização das minhas amostras. Agradeço também ao Cocoa Research Institute of Ghana (CRIG), Tafo-Akim, especialmente ao Sr. F. Osae Awuku.

Depois, a todos os antigos alunos do Departamento de Ciência Alimentar, KNUST, incluindo a Sra. Sophia Darko, Rita Elsie Sanful, Vida Gyimah, Rita Danquah, Sra. Otoo, Adotey Mensah, Alhassan Martha e Afia, que viram o potencial em mim, digo obrigado.

Por último, a minha gratidão vai para a minha família e para todos os meus entes queridos, especialmente para a Juliet Addy. Obrigada pelo vosso amor, apoio e paciência. Sou verdadeiramente abençoada por vos ter como minha família.

CAPÍTULO 1

1 .0 Introdução

Os fetos convivem com os seres humanos desde há muito tempo e fazem parte de um grupo de cerca de 12 000 espécies de plantas (Chapman, 2009). Ao contrário dos musgos, têm xilema e floema (o que os torna plantas vasculares). Têm caules, folhas e raízes como as outras plantas vasculares, mas não têm sementes nem flores; reproduzem-se através de esporos (Smith et al., 2006). Influenciam milhões de vidas humanas como curas medicinais tradicionais ou tratamentos para constipações, diarreia, queimaduras, hemorragias traumáticas, como aditivos alimentares para melhorar a sua qualidade e muito mais em muitos países (Benjamin e Manickam, 2007).

Alguns fetos utilizados como alimento por alguns povos tropicais incluem as cabeças de feto de samambaia, Pteridium aquilinum, feto de avestruz, feto de canela e Diplazium esculentum. Os rizomas do feto de alcaçuz eram mastigados pelos nativos do noroeste do Pacífico pelo seu sabor. O feto mosquiteiro é utilizado como fertilizante biológico nos arrozais do Sudeste Asiático, tirando partido da sua capacidade de fixar o azoto do ar no solo como compostos que podem depois ser utilizados por outras plantas (Allen, 1999).

Muitos produtos farmacêuticos modernos são derivados de substâncias químicas produzidas por plantas. Existem poucas provas científicas de que os fetos são úteis como tratamentos para estas ou outras doenças, embora os herboristas tenham defendido algumas espécies de fetos para o tratamento de úlceras, reumatismo, infecções intestinais e várias outras doenças (Jones, 1987).

No Gana, o feto, juntamente com outras plantas folhosas, é utilizado para fazer sopa de noz de palma e dado às mães lactantes. Acredita-se que a proteína do feto enriquece o sangue das mães lactantes. De acordo com algumas perspectivas (Shin, 2010; Wei, 2010; Thakur et al., 1998; Copeland, 1942), as folhas do feto podem desempenhar um papel significativo como fonte potencial de proteínas alimentares. O interesse por esta cultura está a desenvolver-se devido às suas várias propriedades vantajosas.

As proteínas vegetais desempenham um papel significativo na nutrição humana, particularmente nos países em desenvolvimento onde o consumo médio de proteínas é inferior ao necessário (Khalid et al., 2003). O fornecimento insuficiente de proteínas alimentares levou a uma procura constante de leguminosas não convencionais como novas fontes de proteínas para utilização como ingredientes alimentares funcionais e suplementos nutricionais (Onweluzo et al., 1994). Nos últimos anos, tem-se verificado uma grande preocupação com a falta de proteínas adequadas para satisfazer as necessidades nutricionais de um grande segmento da população mundial. Isto explica em parte a deficiência de proteínas que prevalece entre a população em geral, tal como reconhecido pela Organização das Nações Unidas para a Alimentação e a Agricultura (Akubugwo et al., 2007). Muitos dos materiais vegetais locais estão subaproveitados devido a um conhecimento científico inadequado dos seus potenciais nutricionais. Embora existam na literatura vários trabalhos que relatam a avaliação da composição e as propriedades funcionais de vários tipos de plantas silvestres comestíveis utilizadas nos países em desenvolvimento, ainda há muito a fazer. De acordo com Ekop (2007), muitos trabalhadores relataram a avaliação da composição e as propriedades funcionais de vários tipos de plantas silvestres comestíveis utilizadas nos países em desenvolvimento.

As propriedades funcionais das proteínas alimentares são importantes no processamento de alimentos e na formulação de produtos alimentares. Os isolados proteicos destinam-se a ser utilizados como aditivos em produtos alimentares para melhorar as propriedades funcionais (Yada, 2004). Algumas destas propriedades são a solubilidade, a capacidade de retenção de água, a ligação ao óleo, a emulsificação, as propriedades de formação de espuma, a densidade aparente e a viscosidade (Jung et al., 2005). A importância destas propriedades varia consoante o tipo de produtos alimentares em que a proteína isolada vai ser utilizada (Yada, 2004). Os isolados proteicos com elevada capacidade de ligação ao óleo e à água são desejáveis para utilização em carnes, salsichas e pão, enquanto as proteínas com elevadas propriedades emulsionantes e espumantes são boas para molhos para saladas, produtos de confeitaria, alimentos congelados e sopas (Ahmedna et al., 1999). Os isolados proteicos obtidos a partir de farinha de milho (Siddiq et al., 2009), de sementes de sésamo (Lopez et al., 2003), bem como de proteínas de trigo e de soja (Ma et al., 2007; Karki et al., 2009), foram adicionados a uma variedade de produtos, geralmente como substitutos da albumina de ovo devido às suas elevadas propriedades espumantes.

O isolamento de proteínas é um passo muito importante na incorporação de proteínas de plantas oleaginosas em produtos alimentares. As matérias-primas com elevado teor de óleo têm de ser desengorduradas antes do isolamento das proteínas, a fim de evitar a formação de emulsões durante a extração das proteínas e produzir materiais proteicos isentos de óleo. Para obter amostras isentas de gordura, as matérias-primas são primeiro desengorduradas com solventes como o hexano (Kumagai et al., 2002) e o éter de petróleo (Sathe et al., 2002). Várias condições de extração, como o pH, os tipos de solvente (NaOH, NaCl ou etanol), a concentração do solvente, o tempo de extração, a relação solvente/farinha, podem afetar as propriedades finais da proteína extraída das folhas de feto.

Quando muitos factores e interações afectam as respostas desejadas num determinado processo, a metodologia de superfície de resposta (RSM) torna-se uma ferramenta eficaz para otimizar o processo. Trata-se de uma técnica estatística utilizada para conceber experiências que produzem a informação relevante no menor tempo e com o

menor custo e também para obter um desenvolvimento rápido e eficiente de novos produtos e processos (Pericin et al., 2008). Além disso, para analisar os efeitos das variáveis independentes, a metodologia experimental também gera um modelo matemático que descreve o processo global
(Batista, 1999). As experiências de superfície de resposta visam reconhecer a resposta que pode ser pensada como uma superfície sobre o espaço experimental das variáveis explicativas, utilizando normalmente um desenho experimental como o Central Composite Rotatable Design (CCRD) para ajustar um modelo empírico polinomial completo de segunda ordem. A RSM tem sido aplicada com sucesso para a otimização das diferentes condições de extração (Tiezheng et al., 2010; Yi et al., 2011; Wani et al., 2006).

1.1 Declaração do problema

A atenção sobre os isolados de proteínas vegetais tem-se centrado principalmente nas sementes de algodão, amendoim, colza, proteína de soja e sementes de girassol e, em algumas áreas, estão disponíveis preparações comerciais (Schenz e Morr, 1996). Isto levou a que se negligenciasse outro vegetal de folha comestível igualmente importante, como o feto. Entretanto, é utilizado no Gana em combinação com outras folhas para melhorar a qualidade e a quantidade de leite materno em mães lactantes. Embora as propriedades físico-químicas e funcionais do amido isolado do rizoma do feto (Pteridium aquilium) tenham sido estudadas (Zhang et al., 2011), as das frondes do feto ainda não foram objeto de qualquer investigação. Além disso, muito pouco se sabe na literatura sobre a caraterização dos tipos de proteínas presentes nas frondes de samambaia. Isto torna difícil a sua utilização como substituto ou suplemento de outros vegetais de folha ou culturas.

1.2 Justificação dos trabalhos

As proteínas são muito importantes nos alimentos, tanto do ponto de vista nutricional como enquanto ingredientes funcionais. Elas desempenham um papel importante na determinação da textura dos alimentos. Ao expandir a produção de vegetais folhosos através da conservação e utilização extensiva de plantas de fetos abandonadas e subutilizadas, o estudo tem a capacidade de contribuir significativamente para a redução das actuais deficiências proteicas que limitam o crescimento e o desempenho de muitas pessoas na África Ocidental, especialmente mulheres, crianças e pobres.

A proteína de origem vegetal é uma alternativa à proteína animal para aplicações alimentares devido à grande variedade de fontes, como leguminosas, oleaginosas, cereais e vegetais de folha. As doenças animais, como a doença das vacas loucas, a escassez global de proteínas animais, a forte procura de alimentos saudáveis (sem colesterol e com baixo teor de gorduras saturadas) e por razões económicas, existe uma pressão para o consumo direto de proteínas vegetais nos produtos alimentares. Os preços elevados da carne levaram a indústria alimentar a produzir proteínas não derivadas da carne. As proteínas vegetais têm um preço mais baixo do que as proteínas musculares e, consequentemente, podem reduzir o custo do produto à base de carne. Uma razão importante para o aumento da aceitação das proteínas vegetais, como a Proteína Texturizada de Soja (PTS), é o seu baixo custo (Singh et al., 2008).

Existe uma tendência crescente para a utilização generalizada de ingredientes proteicos na formulação e fabrico de alimentos. A compreensão das relações entre as propriedades físicas das proteínas, o seu comportamento nos sistemas alimentares e a utilização de isolados proteicos em vários alimentos baseia-se nas suas propriedades funcionais alimentares altamente desejáveis, como a solubilidade, a emulsificação e a formação de espuma (Yada, 2004). O isolado proteico da folha de feto pode, portanto, ser utilizado como ingrediente económico aplicado ao fabrico de vários alimentos funcionais e produtos saudáveis para consumo humano e também como aditivo na fortificação de alimentos para animais e peixes para aumentar a produção, especialmente em comunidades camponesas (Oloyede et al., 2010). Uma razão adicional para a utilização de proteínas de fetos é o facto de os fetos serem comuns e de poderem ser tomadas medidas para garantir a disponibilidade das plantas. Os estudos para caraterizar os efeitos da interação do pH, tempo e tipos de solventes na extração de proteínas da farinha de folhas de feto fornecerão informações úteis para os processadores de alimentos que desejem utilizá-las para aplicações alimentares específicas.

1.3 Objetivo

O objetivo deste estudo foi identificar as condições óptimas adequadas para isolar de forma máxima e eficiente as proteínas dos fetos para utilização industrial.

1.3.1 Objetivo

O objetivo específico deste trabalho foi:

1. Investigar as condições necessárias para otimizar a extração de proteínas de frondes de fetos.
2. Estabelecer a utilidade do isolado proteico de feto na indústria alimentar através da determinação das suas propriedades físico-químicas.

CAPÍTULO 2

2 .0 REVISÃO DA LITERATURA

2.1 Introdução

As plantas têm sido uma fonte de medicamentos e um recurso importante para os cuidados de saúde desde a antiguidade, com alguns medicamentos tradicionais à base de plantas a serem utilizados há mais de 2 000 anos (Lee e Shin, 2011). A seguir às plantas com flor, a vegetação dominante na terra é formada pelas plantas vasculares não floridas chamadas Pteridófitas.

Existem cerca de 1200 espécies de Pteridófitas e, tal como as plantas com flor, algumas Pteridófitas são cultivadas ou colhidas noutros países para fins alimentares, como plantas ornamentais e medicinais (Chapman, 2009).

Os fetos, como qualquer uma das várias plantas vasculares não floríferas, possuem raízes verdadeiras, caules e folhas complexas e reproduzem-se por esporos, são conhecidos por pertencerem à família Davalliaceae. Davalliaceae pertence ao grande grupo das Pteridófitas na ordem Polypodiales. É irmã da maior família de fetos, Polypodiaceae, (Schuettpelz e Pryer, 2007) e partilha alguns caracteres morfológicos com ela (Kramer, 1990).

Davalliaceae é nativa de regiões tropicais e subtropicais do Pacífico, Austrália, Ásia e África (Smith et al., 2008). As frondes das Pteridófitas proporcionam excelentes qualidades ornamentais (Jones, O., 1987) e são conhecidas mundialmente devido ao seu valor ornamental e vários estudos têm sido realizados para otimizar as condições in vitro, como a sacarose e o pH, não só para contribuir para a propagação de espécies ornamentais à escala comercial, mas também para compreender a biologia das espécies (Fernández et al., 1999).

Entre as espécies de Pteridófitas utilizadas como folhagens ornamentais em ambientes comerciais e residenciais, encontram-se as do género Nephrolepis (Morton 1958; Zimmerman e Jones 1991).

É um gênero altamente distinto, caracterizado por estolões abundantes, pinas desarticuladas, inequilaterais e geralmente inteiras, hidátodos na superfície superior das pinas e esporos com perisporo relativamente fino e tuberculado-rugoso (Tyron e Tyron, 1982).

O número de espécies de fetos é de cerca de 9.000, mas as estimativas têm variado até 15.000, o que varia porque certos grupos estão ainda pouco estudados e porque continuam a ser encontradas novas espécies em zonas tropicais inexploradas.

2.2 Evolução e classificação dos fetos

Os fetos aparecem pela primeira vez no registo fóssil no início do período carbonífero. Um problema com a classificação dos fetos é o problema das espécies crípticas. Uma espécie críptica é uma espécie que é morfologicamente semelhante a outra espécie, mas que difere geneticamente de formas que impedem o cruzamento fértil.

Os fetos têm sido tradicionalmente agrupados na classe Filices, mas as classificações modernas atribuem-lhes o seu próprio filo ou divisão no reino vegetal, chamado Pteridophyta, também conhecido como Filicophyta.

Tradicionalmente, três grupos discretos de plantas têm sido considerados fetos e dois grupos de fetos eusporangiados - as famílias Ophioglossaceae (línguas-de-vaca, luar e fetos-da-uva) e Marattiaceae e os fetos Leptosporangiados. As Marattiaceae são um grupo primitivo de fetos tropicais com um rizoma grande e carnudo, e pensa-se agora que são um táxon irmão do grupo principal de fetos, os fetos leptosporangiados (Pryer et al., 2004).

2.3 Distribuição e abundância de fetos

Geograficamente, os fetos são mais abundantes nas regiões tropicais (McHugh, 1992). As regiões árcticas e antárcticas possuem poucas espécies. Por outro lado, um pequeno país tropical como a Costa Rica pode ter mais de 900 espécies de fetos, cerca do dobro das encontradas em toda a América do Norte e a norte do México. A melhor exibição de diversidade de fetos é vista nas florestas tropicais, onde em apenas alguns hectares podem ser encontradas mais de 100 espécies, algumas das quais podem constituir um elemento dominante da vegetação (Jones, 1987).

Além disso, muitas das espécies crescem como epífitas nos troncos e ramos das árvores. Algumas famílias são quase exclusivamente tropicais (por exemplo, Marattiaceae, Gleicheniaceae, Schizaeaceae, Cyatheaceae, Blechnaceae e Davalliaceae). A maioria das outras famílias ocorre tanto nas zonas tropicais como nas zonas temperadas. Apenas alguns géneros são primariamente temperados e árcticos (por exemplo, Athyrium, Cystopteris, Dryopteris e Polystichum), e mesmo estes tendem a estender-se para os trópicos, encontrando-se em altitudes elevadas em cadeias de montanhas e vulcões (Cobb, 1975).

Devido à sua capacidade de dispersão por esporos e à sua capacidade de produzir ambos os órgãos sexuais no mesmo gametófito e, portanto, de se autofecundar, parece lógico supor que os fetos possuem maiores poderes de dispersão e estabelecimento a longa distância do que as plantas com sementes. Embora os testes genéticos tenham demonstrado que muitas, se não a maioria, das espécies de fetos tendem a ter um sistema de reprodução cruzado, algumas outras espécies estão envolvidas no caso de fetos com regiões de crescimento separadas por disjunções remotas (Schuettpelz, 2007).

Existem disjunções inter-ilhas e intercontinentais, leste e oeste, bem como amplas disjunções norte-sul, incluindo espécies encontradas nos hemisférios norte e sul que saltam os trópicos. Algumas disjunções parecem seguir o padrão dos ventos dominantes e o principal centro de distribuição de uma espécie pode frequentemente conduzir a grupos a sotavento constituídos por uma ou algumas pequenas populações, por vezes a centenas ou milhares de quilómetros de distância (McHugh, 1992). Exemplos de espécies que apresentam disjunções transcontinentais oeste-leste na América do Norte são o feto de Wright (Pellaea wrightiana), o feto do azevinho da montanha (Polystichum scopulinum) e o feto do baço bifurcado (Asplenium septentrionale); todos estes fetos são bem conhecidos no oeste dos Estados Unidos e existem também como pequenas populações nas montanhas dos estados do leste. Algumas espécies são disjuntas entre continentes, como entre a Nova Zelândia e a América do Sul (Blechnum penna-marina e Hypolepis rugosula) ou a África do Sul e a Austrália e a Nova Zelândia (Todea barbara).

Alguns padrões de disjunção, como plantas semelhantes que crescem na Ásia e no leste da América do Norte, não são o resultado de dispersão de longo alcance, mas sim os remanescentes de uma antiga flora contínua, tendo as áreas intermédias sido alteradas ao longo do tempo (Encyclopedia Britannica, 2011).

2.4 Utilizações de plantas silvestres comestíveis indígenas

Nos países em desenvolvimento, numerosos tipos de plantas silvestres comestíveis são explorados como fontes de alimento, proporcionando assim um nível adequado de nutrição aos habitantes (Aberoumand e Deokule, 2010). Estudos recentes sobre sociedades agro-pastoris em África indicam que estes recursos vegetais desempenham um papel significativo na nutrição, segurança alimentar e geração de rendimentos (Abuye et al., 2003).

Além disso, segundo a Organização das Nações Unidas para a Alimentação e a Agricultura (FAO), pensa-se que pelo menos mil milhões de pessoas utilizam alimentos silvestres na sua dieta (Burlingame, 2000). Só no Gana, são consumidas as folhas de mais de 300 espécies de plantas e frutos silvestres (Aberoumand e Deokule, 2010). Na Suazilândia, as plantas silvestres constituem uma parte maior da dieta do que as cultivares domesticadas. Na Índia, Malásia e Tailândia, cerca de 150 espécies de plantas silvestres foram identificadas como fontes de alimentos de emergência (Faruq et al., 2000).

Do mesmo modo, na África do Sul são utilizadas cerca de 1400 espécies de plantas comestíveis. Na região do Sahel, em África, foram identificados mais de 200 alimentos silvestres utilizados pelas comunidades rurais (Aberoumand e Deokule, 2008). Na maioria dos relatórios, foi sublinhado que, do ponto de vista nutricional, estes alimentos à base de plantas não convencionais podem ser comparáveis ou mesmo, por vezes, superiores às cultivares introduzidas.

Por isso, vale a pena notar que a incorporação de recursos vegetais comestíveis selvagens e semi-cultivados pode ser benéfica para populações nutricionalmente marginais ou para certos grupos vulneráveis dentro das populações, especialmente nos países em desenvolvimento onde a pobreza e as alterações climáticas estão a causar estragos na população rural.

2.4.1 Efeito da temperatura de processamento nos nutrientes de vegetais de folha indígenas

Os legumes de folha são frequentemente cozinhados antes de serem consumidos. Também podem ser secos em conservação através da secagem ao sol direta ou à sombra, que é a prática comum utilizada na maior parte de África para conservar os vegetais para consumo na estação seca (Lyimo et al., 1991). Contudo, as formas de preparação e conservação dos alimentos podem afetar significativamente a concentração e disponibilidade de minerais, vitaminas e outros compostos essenciais nos alimentos.

Alguns relatórios documentaram as perdas de nutrientes dos vegetais durante a secagem (Yadav e Sehgal, 1997) e a cozedura (Kachik et al., 1992; Kidmose et al., 2005). De acordo com Ray-Yu et al. (2006), o processo de secagem em lume brando (50 °C/ 16 horas) manteve a maioria dos nutrientes e bioactivos nas folhas de moringa e pode ser conseguido através de uma preparação doméstica de baixo custo como uma forma simples e eficaz de fornecimento contínuo de nutrientes/bioactivos.

2.5 Consumo e utilização de fetos

Os fetos (Pteridophyta) são uma componente importante de muitos ecossistemas (Tyron, 1986) e constituem potencialmente um recurso alimentar abundante para os consumidores. A seleção dos recursos alimentares pelos animais herbívoros é influenciada por uma série de factores. A preferência determina quais os alimentos disponíveis que são consumidos e é influenciada principalmente pelo tamanho do alimento e pelo tempo de manuseamento (Diaz, 1994), pelo valor nutricional (Schaefer et al., 2003) e por compostos secundários como os fenólicos. Os invertebrados, como os gastrópodes e os insectos, consomem fetos até certo ponto, mas sabe-se que muito poucas espécies de vertebrados consomem fetos regularmente. Encontram-se algumas excepções entre as aves, como o Takahe (Notornis mantelli) e o Kaka (Nestor meridionalis) na Nova Zelândia (Mills et al., 1980; O'Donell e Dilks, 1994), o tetraz cantabricus (Tetrao urogallus cantabricus) em Espanha (Rodríguez e Obeso, 2000) e o priolo (Pyrrhula murina) nos Açores, Portugal (Ramos, 1994). As razões subjacentes ao baixo consumo omnipresente de fetos pelos vertebrados não são claras, mas foi sugerido que está relacionado com a elevada concentração de diversas defesas bioquímicas nos fetos (Seigler, 1991; Moran, 2004; Marrs e Watt, 2006) e com os teores de lenhina (Cornelissen et al., 2004).

Segundo Ramos (1995), o consumo de fetos por um vertebrado, o priolo (Pyrrhula murina), tem um padrão sazonal. Os esporângios de três espécies (Woodwardia radicans, Culcita macrocarpa e Osmunda regalis) são consumidos principalmente devido ao seu maior teor de lípidos. As folhas jovens são consumidas sobretudo de Pteridium aquilinum e O. regalis no início da primavera, uma vez que possuem quantidades elevadas de proteínas e valores razoavelmente elevados de calorias. Tendo em conta estas evidências, o padrão de consumo de fetos pode ser influenciado por variações sazonais no estádio de desenvolvimento das folhas ou na composição nutricional dos fetos. Existem quatro estádios diferentes de desenvolvimento da folha, nomeadamente báculo, folha em expansão, folha recentemente expandida e folha fértil (Arosa et al., 2009).

Para além de ser consumido por vertebrados, o feto é também utilizado como medicamento e consumido por alguns povos nativos como fonte de alimento em épocas de escassez alimentar, uma vez que contém quantidades significativas de proteínas, fibras, vitaminas e minerais.

O feto consumido mais popular é o porta-enxerto de madeira. Há muitos outros relatos de que os porta-enxertos são limpos, as bases das folhas são removidas, descascadas e comidas uma de cada vez (Turner et al., 1992). De igual modo, muitos relatos referem que os porta-enxertos são comidos com óleo, gordura, banha de porco e/ou ovas de salmão. Kari (1987) observa que alguns povos Tanaina afirmam que apenas a parte do "caule" da parte subterrânea é comida, outros que apenas as "bases das folhas" são comidas, e outros ainda que ambas as partes do porta-enxerto são comidas.

Sabe-se que alguns fetos, especialmente a samambaia, contêm ptaquilosídeo, que é muito cancerígeno para os mamíferos, especialmente para os ruminantes. No entanto, o consumo de fetos nos seres humanos não conduz à carcinogénese porque as pessoas comem fetos em pequenas quantidades do que os animais e também não repetidamente. No entanto, de acordo com estudos realizados por Ham (2004), o consumo diário de 350 g de fiddlehead de samambaia pode provocar cancro.

A presença de substâncias antitiaminas na samambaia, como a astragalina, a isoquercitrina, a rutina, o ácido cafeico, o ácido tânico, etc., são conhecidas como substâncias naturais úteis como anticancerígenas ou antioxidantes na atualidade (Cai et al., 2004; Katsube et al., 2006).

Embora as toxicidades causadas pela carcinogénese e as actividades antitiaminas do feto tenham sido destacadas, os efeitos farmacológicos das cabeças de feto ou das plantas inteiras de fetos e aliados de fetos são subestimados (Lee e Shin, 2011). No entanto, vários efeitos saudáveis dos fetos e dos aliados dos fetos são atualmente bem conhecidos. Por exemplo, a glicoproteína isolada da cabeça de feto tem uma função imunitária (Park et al., 1998) e os polissacáridos ácidos isolados do extrato de água quente da cabeça de feto seca têm uma atividade anti-complementar (Oh et al., 1994). Além disso, a cabeça do violino de Athyrium acutipinulum tem fortes efeitos antioxidantes (Lee et al., 2005).

Quadro 2.1: Fetos comestíveis frequentemente utilizados em todo o mundo

Scientific name	English name	Countries	Edible parts
Athyrium acutipinnulum		Korea	Fiddlehead
A. brevifrons		Korea	Fiddlehead
A. distentifolium	Alpine Lady-Fern	Korea	Fiddlehead
A. esculentum	Vegetable fern, Pako fern	Asia, Oceania	Fiddlehead
Diplazium squamigerum		Japan	Fiddlehead
Matteuccia struthiopteris	Ostric fern	Canada, China, Europe,Malaysia, India, Japan, USA	Fiddlehead
Osmunda cinnamomea	Cinnamon fern	East Asia	Fiddlehead
O. japonica	Flowering fern	East Asia	Fiddlehead
O. regalis	Royal fern	Worldwide	Fiddlehead
Pteridium aquilinum var. *latiusculum*	Bracken	Worldwide	Fiddlehead
Stenochlaena palustris	High climbing fern	South Pacific, India	Fiddlehead
Ceratopteris	Swamp fern, water lettuce, water sprite	Asia, Australia	Leaves
Cyathea	Tree fern	Oceania	Young leaves, terminal bud

Fonte: (Copeland, 1942; Thakur, et al., 1998; Shin, 2010; Wei, 2010)

A investigação atual no controlo da poluição tem sido dirigida para a remoção de nutrientes (por exemplo, N e P) e minerais (por exemplo, Zn, Ni, Cu, etc.) descarregados nos cursos de água a partir de estações de tratamento de esgotos (Upadhyay et al. 2007). Várias plantas aquáticas têm sido utilizadas para remover nutrientes e minerais de água doce contaminada e também de águas residuais. A capacidade das plantas Azolla, também um feto, para absorver minerais de águas residuais foi determinada através da análise de águas residuais antes e depois do cultivo de Azolla (Mishra et al. 2007). Os teores de Fe, Zn e P diminuíram, enquanto os de Cu e Mn não foram alterados. Do mesmo modo, Zahrann et al. (2007) investigaram o potencial das plantas Azolla em águas poluídas. Ao medir a quantidade de poluentes removidos tendo em conta o tempo, os resultados mostraram que as plantas Azolla podem ser utilizadas para purificar água poluída (fresca ou residual) para reciclagem. Esta evidência apoia o ponto de vista de que o cultivo de plantas Azolla pode ser utilizado como adubo verde em muitos países do mundo, uma vez que pode absorver grandes quantidades destes minerais.

O feto, entre outras culturas, como o girassol, tem sido utilizado como fitorremediação para remover quantidades perigosas de arsénio que reagiram com outros compostos orgânicos e inorgânicos do solo. A exposição ao arsénio através da ingestão de água contaminada, da escavação, da respiração ou de qualquer tipo de contacto com poeiras contaminadas pode causar cancro da pele, do fígado, da bexiga e dos rins. De acordo com Kokkinidou (2011), um gene isolado de um tipo específico de feto, Pteris vittata, tem a capacidade de aumentar a tolerância ao arsénio até 100 a 1000 vezes mais do que outras plantas. Este gene específico é capaz de codificar uma proteína que armazena o metal tóxico longe do citoplasma, de modo a não prejudicar a planta. A presença da proteína permite assim que o feto actue como hiperacumulador para absorver quantidades superiores às normais de metais pesados nos solos (Kokkinidou, 2011).

2.6 Preservação dos fetos

Como conta Peter Kalifomsky, dos Tanaina de Outer Inlet (Kari, 1987), os porta-enxertos de fetos comestíveis eram antigamente considerados um bom alimento de sobrevivência ou de fome. Nalguns países europeus, os porta-enxertos de feto são geralmente consumidos em épocas de escassez de outros alimentos ou como tratamento medicinal.

Por conseguinte, é imperativo salvaguardar os fetos, especialmente os de importância nutricional e medicinal. Os fetos, em particular os porta-enxertos de fetos, são armazenados cobrindo-os com folhas depois de secos e depois debaixo de um telheiro ou de uma cabana. No Alasca, diz-se que o povo Tanaina conservava os porta-enxertos de fetos colocando-os num esconderijo subterrâneo ou guardando-os em óleo ou banha (Kari 1987). O povo Yakutat também os guardava numa cova e, em geral, armazenava-os de forma semelhante às batatas. De acordo com Ray (1980), também se conservam bem durante vários meses no frigorífico.

2.7 Componentes nutricionais do feto

Os vegetais de folha indígenas não cultivados (ILVs) são amplamente consumidos no Gana e noutras partes da África subsariana e da Europa, particularmente durante períodos de escassez de alimentos. No entanto, ainda há muito a aprender sobre o seu conteúdo de nutrientes essenciais. O Gana é uma região de produção agrícola da África Ocidental, pelo que é comum as pessoas das comunidades rurais consumirem ILVs como parte da sua dieta, quer como alimento quer como medicamento. No Gana, as folhas da planta são adicionadas a sopas, onde a planta é uma planta medicinal muito apreciada e consumida principalmente pelas mães antes e depois do parto para garantir uma boa saúde e também para aumentar a produção de leite materno, reflectindo assim a perceção da população local de que a planta tem valor nutricional.

Babayemi et al. (2006) salientaram que o teor de matéria seca e proteína bruta é mais elevado nas folhas do feto aquático do que em qualquer outra parte da planta. A proteína bruta (PB) do feto aquático diminui à medida que a planta amadurece. Esta diminuição da proteína bruta em idade avançada também foi observada noutras plantas aquáticas (Bagnall et al., 1973). Assim, quando se utiliza a planta como forragem, esta pode ser estrategicamente cortada de doze em doze semanas para otimizar o seu valor nutritivo. O nível de PC no feto, especialmente nas folhas, é suficientemente elevado para satisfazer as necessidades proteicas dos pequenos ruminantes. Oldham e Alderman (1980) relataram que, por vezes, a ingestão ad libitum pelos animais é aumentada por um aumento do teor de proteína bruta das dietas.

Os fetos mais velhos contêm mais gordura bruta (FC) do que as plantas jovens, provavelmente devido à lenhificação das células à medida que a planta amadurece (Babayemi et al., 2006). Sabe-se que os caules dos fetos contêm mais FC do que as folhas e as folhas mais o caule.

A razão para tal pode dever-se ao facto de, à medida que as folhas amadurecem, caírem e serem substituídas por outras mais jovens e fotossinteticamente mais activas, enquanto o processo de lenhificação prossegue no caule, aumentando assim a percentagem de caule velho em toda a biomassa. Os fetos aquáticos mais velhos contêm mais cinzas do que os fetos jovens devido à elevada deposição de minerais na planta velha. A ausência de variação sazonal no teor de cinzas do feto aquático sugere um equilíbrio do teor de minerais ao longo do ano para os animais que o consomem (Babayemi et al., 2006).

2.7.1 Análise nutricional do feto

Turner et al. (1992) investigaram alimentos tradicionais realizados no âmbito do Programa Alimentar e Nutricional Nuxalk, foram escavados cerca de 30 porta-enxertos de fetos e comparados com os valores registados para a batata comum, cozida com pele. Houve uma concordância razoavelmente boa entre os dois alimentos no que diz respeito a água, proteínas, cinzas, hidratos de carbono (calculados por diferença entre o peso total menos a soma de proteínas, gorduras, humidade, fibras e cinzas) e cálculos aproximados de energia.

Em contrapartida, os valores minerais da "raiz" de feto eram muito mais elevados para o cálcio, o magnésio, o zinco, o cobre e o manganês, mas mais elevados na batata para o sódio e o ferro. Os diferentes valores podem ter sido em parte devidos a contribuições da pele das raízes, uma vez que se sabe que as peles dos alimentos de raiz são mais ricas em minerais do que a polpa amilácea. Estes minerais podem migrar para a polpa durante a cozedura.

2.7.2 Determinação nutricional de esporângios e folhas de samambaia

Os esporângios dos fetos são ricos em proteínas, fenólicos e conteúdo calórico das espécies de fetos consumidas. No entanto, diferentes espécies têm diferentes conteúdos calóricos. Pteridium incompleta tem maior conteúdo calórico em comparação com Pteridium aquilinum (Arosa et al., 2009).

Ramos (1994) também constatou que os esporos não consumidos de espécies de samambaia (Dryopteris sp., Blechnum spicant) têm menor teor de lipídios do que os de espécies consumidas (Woodwardia radicans, Culcita macrocarpa, Pteris

incompleta). Ramos (1995) observou novamente que não existem diferenças nutricionais entre as espécies consumidas e não consumidas de folhas de samambaia.
Tabela 2.2: Nutrientes na raiz de samambaia cozida (Dryopteris expansa) em comparação com a batata cozida, por 100 g de porção comestível

Nutrient	Fern Root	Potato
Water, g	68.4	71.2
Protein, g	2.5	2.3
Fat, g	1.0	0.1
N.D. Fibre, g	3.7	n.a.
Ash, g	0.8	1.2
Carbohydrate, g	23.6	25.2
Calcium, mg	56.3	10.0
Phosphorus, mg	62.6	57.0
Sodium, mg	1.4	8.0
Magnesium, mg	44.4	27.0
Iron, mg	0.8	1.4
Zinc, mg	1.5	0.3
Copper, mg	1.5	0.3
Manganese, mg	3.2	0.2

Fonte: Turner **et al.** (1992)

A quantidade de lenhina, um componente importante da parede celular das plantas, determina em grande medida a digestibilidade das folhas (Cornelissen et al., 2004). Na maioria dos casos, a digestibilidade diminui à medida que as folhas envelhecem, como consequência das lenhificações (Lowman e Box, 1983; Hill e Lucas, 1996), o que pode contribuir para explicar porque é que as folhas velhas de fetos nunca foram consumidas pelo priolo dos Açores.

A digestibilidade das folhas de fetos de várias espécies consumidas pelo alce Roosevelt (Cervus elaphus roosevelti) variou entre 23 e 46 %, enquanto a das gramíneas variou entre 55 e 76 % (Hutchins, 2006), o que significa que as folhas de fetos são provavelmente menos adequadas para os herbívoros do que as gramíneas. Polystichum speciosissimus, P. hancockii, P. parvipinnulum, P. prionolepis e P. deltodon são totalmente desprovidos de floroglucinóis (Widén et al., 2001). De acordo com Widén et al. (1983), apenas P. tsus-simense e P. rigens contêm alguns fenólicos.

2.7.3 Composição total de aminoácidos dos fetos tropicais

As folhas de muitas espécies vegetais são consumidas diretamente como legumes ou utilizadas como forragens. Além disso, têm sido exploradas para a produção de concentrados de proteínas de folhas para consumo humano ou utilizadas como suplemento proteico na alimentação animal. Vários estudos indicaram que as folhas de plantas tropicais e subtropicais podem ser uma boa fonte de proteínas. Os dados sobre os aminoácidos destas plantas também revelaram um bom equilíbrio de aminoácidos essenciais do ponto de vista nutricional, tendo sido registados resultados químicos superiores a 75%. Há provas de alguma correlação entre os dados de aminoácidos e a taxonomia das plantas. Esta correlação é potencialmente útil na procura de plantas ricas em certos tipos de aminoácidos (Yeoh e Wee, 1998).

Entre os fetos, o grupo Pteridaceae sobrepõe-se parcialmente ao grupo Polypodiaceae e o grupo Dryopteridaceae foi separado destes dois grupos. Em termos de diferenças nos perfis de aminoácidos, os membros das Dryopteridaceae apresentaram níveis mais elevados de glicina e tirosina em comparação com os das Pteridaceae e Polypodiaceae (Arosa et al., 2009).

Quadro 2.3: Composição em aminoácidos dos fetos de fetos

Species[1]	Amino acid composition (g % total amino acids) Asp	Thr	Ser	Glu	Pro	Gly	Ala	Cys	Val	Met	Lle	Leu	Tyr	Phe	His	Lys	Trp	Arg	Total amino acids
Ophioglossaceae																			
Ophioglossum pendulum	11.3	4.7	6.1	15.3	5.9	5.4	6.2	0.1	4.7	2.2	3.5	8.5	4.5	5.3	2.4	6.6	0.6	6.7	1.4
Ophioglossum reticulatum	10.8	4.6	6.6	19.2	5.7	5.4	6.5	0.1	4.2	1.5	3.3	8.0	4.7	5.1	2.2	5.6	0.3	6.2	3.2
Marattaceae																			
Angiopteris evecta	11.9	5.5	5.5	13.4	5.4	7.0	6.2	0.0	4.9	2.0	3.4	9.0	5.2	6.2	2.7	5.8	0.0	5.9	1.0
Schizaeaceae																			
Lygodium japonicum	10.2	5.2	5.3	16.0	6.4	5.7	7.1	0.1	4.9	2.1	3.2	9.3	4.8	6.2	2.2	5.4	0.2	6.1	6.9
Lygodium microphyllum	10.9	5.6	5.1	13.6	5.5	6.6	5.2	0.0	5.2	2.3	3.6	9.3	5.0	6.1	2.7	6.1	0.0	6.2	1.9
Gleicheniaceae																			
Dicranopteris linearis	11.4	5.7	4.9	13.5	5.2	6.0	6.2	0.0	5.8	2.3	3.9	9.7	4.7	6.3	2.7	5.8	0.0	5.7	2.5
Hymenophyllaceae																			
Trichomanes javanicum	11.6	5.0	5.6	12.8	6.3	7.1	6.5	0.0	4.6	2.0	2.9	9.1	5.5	6.2	2.9	6.3	0.0	5.7	2.0
Dicksoniaceae																			
Cibotium barometz	11.6	5.8	5.5	13.0	5.7	6.0	6.3	0.0	5.2	2.1	3.2	9.4	4.7	6.2	2.7	6.0	0.0	6.6	3.6
Cyatheaceae																			
Cyathea latebrosa	11.1	5.6	5.0	13.4	5.3	6.3	6.4	0.0	5.3	2.4	3.5	9.6	4.8	6.3	2.7	5.9	0.0	6.5	2.3
Pteridaceae																			
Acrostichum aureum	10.5	5.2	5.7	13.3	6.0	6.1	7.7	0.1	5.0	2.3	3.6	9.4	4.7	6.0	2.1	5.8	0.4	6.1	1.5

Adiantum latifolium	10.3	5.0	5.9	15.9	6.3	5.6	7.0	0.1	4.5	1.9	3.3	9.3	4.6	6.6	1.9	4.9	0.4	5.8	5.3
Adiantum trapeziforme	10.2	5.0	5.5	13.7	6.2	5.9	6.4	0.0	5.0	2.0	3.6	10.3	5.0	6.7	2.3	6.4	0.2	5.5	4.7
Ceratopteris thalictroides	10.9	4.8	5.5	13.9	5.8	5.6	7.8	0.0	4.9	2.3	3.6	9.9	4.3	5.5	2.0	6.2	0.2	6.8	3.6
Pityrogramma calomelanos	10.7	5.1	5.5	13.8	5.8	5.7	7.5	0.1	4.8	2.1	3.5	9.5	4.6	6.6	2.1	6.4	0.2	6.0	3.5
Pteris ensiformis	10.6	5.0	5.4	14.1	6.0	5.4	7.1	0.1	5.1	2.0	3.5	9.8	4.5	6.3	2.1	6.3	0.2	6.6	3.1
Pteris vittata	10.7	5.1	5.2	12.9	5.7	5.1	6.9	0.0	5.1	2.5	3.6	9.5	5.1	6.5	2.6	6.6	0.0	7.0	3.4
Vittariaceae																			
Vittaria ensiformis	10.1	5.0	7.4	12.7	5.9	7.5	7.3	0.1	4.7	1.8	3.4	8.8	4.4	5.5	2.8	6.7	0.3	5.5	1.6
Microlepia speluncae	10.2	4.9	5.5	15.6	6.4	5.7	6.9	0.1	4.5	2.2	3.4	9.4	4.8	6.4	2.2	6.0	0.2	5.7	1.1
Sphenomeris chusana	10.9	5.2	5.7	13.0	5.8	5.7	6.9	0.0	5.1	2.3	3.5	9.7	4.9	6.1	2.5	6.5	0.0	6.2	2.3
Thelypteridaceae																			
Christella subpubescens	11.3	5.2	6.2	12.7	6.4	5.4	6.9	0.0	4.9	2.2	3.4	9.0	5.1	6.5	2.5	6.1	0.0	6.2	3.1
Pronephrium repandum	10.1	4.7	5.7	18.9	8.4	6.0	6.1	0.1	4.3	1.8	3.3	8.3	4.3	5.6	1.8	5.0	0.2	5.1	4.9
Dryopteridaceae																			
Bolbitis heteroclita	11.4	4.8	6.2	12.1	6.2	8.4	6.6	0.0	4.5	2.0	3.2	8.6	5.6	6.1	2.8	5.8	0.0	5.7	2.9
Bolbitis x singaporensis	10.4	4.9	5.7	12.9	6.9	6.7	6.4	0.0	4.8	1.9	3.6	9.8	5.0	5.8	2.6	6.6	0.2	5.8	2.6
Tectaria griffithii	10.7	5.1	6.1	12.1	7.0	9.9	6.7	0.0	4.4	1.9	2.7	8.9	5.5	5.8	2.2	5.6	0.0	5.3	3.9
Tectaria singaporeana	11.5	5.7	6.6	13.3	7.2	6.6	6.5	0.1	4.6	1.8	3.2	8.8	5.3	7.0	2.1	4.4	0.2	5.0	3.3
Aspleniaceae																			
Asplenium longissimum	11.2	5.4	5.6	14.7	5.5	5.4	6.6	0.1	5.1	1.9	3.4	9.1	5.0	6.1	2.1	6.4	0.2	6.2	3.7

Asplenium nidus	10.4	5.1	6.0	14.9	5.3	5.8	7.1	0.1	5.0	2.2	3.4	9.3	4.9	6.0	2.4	5.3	0.4	6.3	1.2
Asplenium tenerum	10.5	5.4	6.7	14.6	6.1	5.9	6.5	0.1	4.7	1.9	3.2	8.5	4.9	6.0	2.1	6.9	0.3	5.8	3.6
Davelliaceae																			
Davallia denticulata	13.8	5.7	5.7	13.0	5.3	6.6	6.2	0.0	4.9	1.5	3.3	8.9	5.1	6.5	2.6	5.3	0.0	5.5	2.3
Davallia solida	10.1	5.0	5.6	14.1	6.7	5.7	7.1	0.0	4.9	2.1	3.6	9.6	4.5	5.7	2.3	6.2	0.2	6.7	2.8
Nephrolepis biserrata	11.6	5.7	5.4	14.0	5.2	6.1	6.4	0.0	5.0	2.3	3.5	9.0	5.1	6.8	2.7	6.0	0.0	5.4	1.3
Nephrolepis tuberosa	10.5	4.9	6.2	13.1	6.3	5.9	7.1	0.1	4.5	1.9	3.4	9.6	4.9	6.6	2.6	6.7	0.2	5.4	2.2
Blechnaceae																			
Blechnum orientale	11.2	5.3	5.6	12.9	6.1	5.4	7.0	0.0	5.1	2.3	3.3	9.3	5.0	6.4	2.5	6.2	0.0	6.5	3.2
Stenochlaena palustris	10.1	5.0	5.5	13.1	6.0	5.7	7.5	0.1	4.9	2.2	3.6	10.2	4.8	6.2	2.3	6.0	0.3	6.6	1.6
Polypodiaceae																			
Drynaria quercifolia	10.4	5.1	5.7	14.2	5.6	5.6	7.1	0.1	4.7	1.9	3.7	10.1	4.8	6.6	2.0	5.8	0.4	6.1	1.6
Goniophlebium verrucosum	11.4	5.1	6.1	13.6	5.3	5.4	6.5	0.1	4.8	2.0	3.5	9.1	4.8	6.1	2.4	6.7	0.3	7.0	3.1
Lecanopteris sinuosa	10.6	5.3	6.2	13.2	6.0	5.8	7.2	0.1	4.9	1.9	3.4	9.1	4.8	6.6	2.4	6.0	0.5	5.9	1.2
Microsorium punctatum	10.1	5.0	6.0	15.8	5.1	5.7	7.4	0.1	4.7	2.1	3.5	8.8	4.7	5.9	2.1	6.5	0.4	6.1	1.2
Platycerium bifurcatum	10.4	5.3	6.0	14.4	5.6	5.7	7.0	0.2	4.8	2.1	3.4	9.0	4.7	6.1	2.1	6.5	0.3	6.2	0.8
Platycerium coronarium	10.8	5.2	5.6	12.6	5.7	5.4	6.9	0.0	5.3	2.4	3.6	9.6	5.2	6.5	2.4	6.6	0.0	6.2	1.9
Platycerium ridleyi	11.0	5.0	5.8	15.5	5.3	5.8	7.3	0.1	4.6	1.9	3.2	8.9	4.3	6.1	2.3	6.4	0.5	5.9	1.4
Platycerium wandae	10.5	5.2	5.9	15.5	5.8	5.4	6.9	0.1	4.7	2.0	3.5	9.1	4.5	6.0	2.3	6.5	0.3	5.8	1.8
Pyrrosia lanceolata	10.5	4.8	7.4	15.0	6.7	6.1	6.1	0.6	5.5	1.8	2.2	8.6	4.1	6.1	2.3	8.2	1.2	3.0	0.4

Pyrrosia longifolia	8.9	4.7	7.2	13.5	4.6	5.2	5.9	0.2	4.5	1.9	3.6	9.2	5.2	7.2	2.8	7.5	1.5	6.3	0.4
Pyrrosia piloselloides	9.9	4.5	6.8	17.0	5.5	5.3	6.6	0.4	5.0	2.0	3.1	9.2	4.3	6.1	2.3	6.7	0.7	4.4	0.4
Marsileaceae																			
Marsilea crenulata	11.3	5.3	5.6	14.2	6.1	5.3	7.0	0.0	5.1	2.3	3.4	8.8	5.0	6.4	2.4	5.6	0.0	6.2	3.5
Salviniaceae																			
Salvinia molesta	11.3	5.4	5.0	16.0	4.8	6.5	6.2	0.0	4.9	2.1	3.6	9.0	5.1	6.2	2.6	4.9	0.0	6.3	0.8

Classificação de acordo com Tyron e Tyron (1982). Fonte: Yeoh e Wee (1998)

2.7.4 Factores que inibem o teor de azoto em algumas espécies de fetos

Herz-Alla (1991) verificou que o crescimento de A. pinnata foi reduzido após tratamento com NaCl (0,10 %) e Na_2SO_4 (0,15 %). Do mesmo modo, Moore (1969) referiu que as plantas de Azolla morriam em campos de arroz quando as concentrações de sal atingiam 0,15 - 0,19 % durante o verão, e a FAO (1978) sugere que o nível máximo de sal para o crescimento da Azolla é de 0,10 %. A fixação de azoto da simbiose Azolla-anabaena é também claramente sensível ao stress salino, o que também foi referido (Herz-Alla, 1991) em A. pinnata. O teor de azoto de A. filiculoides foi reduzido quando a concentração de sal foi aumentada de 0,3 % para 0,9 % (Geshian et al., 1980). A sensibilidade do crescimento e da fixação de azoto ao stress salino pode ser atribuída à toxicidade do Na, porque Rahoma (1985) verificou que o conteúdo total de N_+ da Azolla aumentou com o aumento da diluição da água de drenagem para reduzir a concentração de Na. Haller et al. (1974) verificaram que as plantas de Azolla morriam quando cultivadas em solo contendo cerca de 1,3% de sais (cerca de 33% da água do mar). Outras espécies de Azolla reduziram o teor de sais da água em cerca de 0,012-0,049 % e o teor de sais do solo em cerca de 0,014-0,485 % (Lumpkin e Plucknett, 1980).

2.7.5 Propriedades físico-químicas e funcionais de frondes e rizomas de fetos

Estudos sobre o conteúdo químico de Pteridium aquilinum demonstraram que são abundantes em proteínas, vitaminas e microelementos necessários para o corpo humano, como magnésio, zinco, germânio, etc. (Zhang et al., 2008). Além disso, o amido do rizoma de feto tem um elevado valor em aplicações alimentares e médicas. A aletria, os bolos e a sopa espessa feitos de amido de rizoma de feto são alimentos transformados comuns nos países da Ásia Oriental. Do ponto de vista farmacêutico, o amido de rizoma de feto tem as funções de limpar a febre e desintoxicar, e tem efeitos especiais na prevenção de insolação, epistaxe, dor de dentes e disenteria. O consumo regular de amido de rizoma de feto pode prevenir o cancro, a hepatite iterícia, o tétano e outras doenças (Chen, 1990).

Cao et al. (2007) referiram que a pasta de amido de rizoma de feto podia ser esticada e tinha uma boa tenacidade. A estabilidade ao congelamento e descongelamento do amido de rizoma de feto era um pouco inferior à do amido de batata e superior à do amido de milho. Um estudo efectuado por Zhang et al. (2011) revela que a medição da viscosidade com o viscógrafo Brabender apresentou um pico de viscosidade mais elevado para o amido de rizoma de feto, o que mostrou que este tinha um maior poder de inchamento. Em comparação com os amidos de milho e de batata, o amido de rizoma de samambaia tinha uma transparência mais baixa. Embora o amido de rizoma de feto tenha sido utilizado durante muito tempo na indústria alimentar para a produção de produtos de confeitaria, pão, pão cozido a vapor, biscoitos e muitos outros alimentos tradicionais, pouca informação foi relatada sobre as propriedades deste amido.

2.8 Papel das proteínas

As proteínas são substâncias que contêm azoto e são formadas por aminoácidos. São o principal componente estrutural dos músculos e de outros tecidos do corpo. Além disso, são utilizadas para produzir hormonas, enzimas e hemoglobina. As proteínas também podem ser utilizadas como energia; no entanto, não são a principal escolha como fonte de energia.

Para serem utilizadas pelo organismo, as proteínas têm de ser metabolizadas na sua forma mais simples, os aminoácidos. Foram identificados 20 aminoácidos que são necessários para o crescimento e metabolismo humanos.

Doze destes aminoácidos (onze nas crianças) são denominados não essenciais, o que significa que podem ser sintetizados pelo nosso organismo e não precisam de ser consumidos na alimentação. Os restantes aminoácidos não podem ser sintetizados pelo organismo e são descritos como essenciais, o que significa que têm de ser consumidos na alimentação. A ausência de qualquer um destes aminoácidos compromete a capacidade de crescimento, reparação ou manutenção dos tecidos (Hoffman e Falvo, 2004).

2.9 Avaliação de proteínas

A composição de várias proteínas pode ser tão única que a sua influência na função fisiológica do corpo humano pode ser bastante diferente. A qualidade de uma proteína é vital quando se consideram os benefícios nutricionais que ela pode proporcionar. A qualidade de uma proteína é determinada pela avaliação da sua composição em aminoácidos essenciais, digestibilidade e biodisponibilidade de aminoácidos (FAO/OMS, 1990).

2.10 Fontes de proteínas

As proteínas estão disponíveis numa variedade de fontes alimentares. Estas incluem alimentos de origem animal e vegetal, bem como a indústria de suplementos desportivos altamente comercializados. A determinação da eficácia de uma proteína é conseguida através da determinação da sua qualidade e digestibilidade. A qualidade refere-se à disponibilidade de aminoácidos que fornece, e a digestibilidade considera a forma como a proteína é melhor utilizada. Normalmente, todas as fontes de proteína animal da dieta são consideradas proteínas completas.

Ou seja, uma proteína que contém todos os aminoácidos essenciais. As proteínas de origem vegetal são incompletas, na medida em que lhes falta geralmente um ou dois aminoácidos essenciais. Assim, alguém que deseje obter as suas proteínas de fontes vegetais (ou seja, vegetariano) terá de consumir uma variedade de vegetais, frutas, grãos e legumes para garantir o consumo de todos os aminoácidos essenciais. Desta forma, os indivíduos conseguem atingir os requisitos proteicos necessários sem consumir carne de vaca, aves ou lacticínios (Hoffman e Falvo, 2004).

2.10.1 Fonte animal

As proteínas de origem animal (ou seja, ovos, leite, carne, peixe e aves de capoeira) apresentam a classificação de qualidade mais elevada das fontes alimentares. Isto deve-se principalmente ao facto de as proteínas destas fontes serem "completas". Embora as proteínas provenientes destas fontes também estejam associadas a um elevado consumo de gorduras saturadas e colesterol, existem vários estudos que demonstraram os benefícios positivos das proteínas animais em vários grupos populacionais (Campbell et al., 1999; Pannemans et al., 1998).

Têm sido levantadas várias preocupações de saúde relativamente aos riscos associados às proteínas provenientes principalmente de fontes animais. Estes riscos para a saúde têm-se centrado principalmente nas doenças cardiovasculares (devido ao elevado consumo de gorduras saturadas e colesterol), na saúde óssea (devido à reabsorção óssea provocada pelos aminoácidos com enxofre associados às proteínas animais) e noutras doenças do sistema fisiológico (Hoffman e Falvo, 2004).

2.10.2 Fonte vegetal

As proteínas vegetais, quando combinadas para fornecer todos os aminoácidos essenciais, constituem uma excelente fonte de proteínas, tendo em conta que provavelmente resultarão numa redução da ingestão de gorduras saturadas e colesterol. As fontes mais populares são as leguminosas, os frutos secos e a soja.

Para além destes produtos, a proteína vegetal também pode ser encontrada numa forma fibrosa chamada Proteína Vegetal Texturizada (TVP). A PVT é produzida a partir de farinha de soja, na qual as proteínas são isoladas. A TVP é principalmente uma alternativa à carne e funciona como um análogo da carne em cachorros-quentes vegetarianos, hambúrgueres, rissóis de frango, etc. É também uma fonte de proteínas vegetais de baixo teor calórico e de baixo teor de gordura. As fontes vegetais de proteínas também fornecem numerosos outros nutrientes, como fitoquímicos e fibras, que também são altamente considerados na dieta (Hoffman e Falvo, 2004).

2.11 Efeitos das proteínas animais e vegetais

Os efeitos de vários rácios de ingestão de proteínas animais e vegetais foram examinados por Sellmeyer e colegas (2001) em mulheres idosas (> 65 anos). Mostraram que as mulheres que consumiam o rácio mais elevado de proteínas animais/vegetais tinham um risco quase quatro vezes maior de fracturas da anca em comparação com as mulheres que consumiam um rácio mais baixo de proteínas animais/vegetais. Curiosamente, não se verificou qualquer diferença significativa entre o rácio proteína animal/vegetal e a densidade mineral óssea. Feskanich et al. (1996), também mostraram resultados semelhantes, mas numa população feminina mais jovem (faixa etária = 35-59, média 46).

Pelo contrário, outros estudos que examinaram populações femininas mais velhas mostraram que o aumento da proteína animal aumentará a densidade mineral óssea, enquanto que o aumento da proteína vegetal terá um efeito de diminuição da densidade mineral óssea (Munger et al., 1999; Promislow et al., 2002). Munger e colegas (1999) também relataram um risco 69% menor de fratura da anca com o aumento da ingestão de proteínas animais numa grande população pós-menopausa (32.000). Outros grandes estudos epidemiológicos confirmaram igualmente uma densidade óssea elevada após dietas ricas em proteínas, tanto em homens como em mulheres idosos (Dawson-Hughes et al., 2002; Hannan et al., 2000). Hannan e colegas (2000) demonstraram que a ingestão de proteínas animais numa população idosa, várias vezes superior às necessidades da DDR, resulta num aumento da densidade óssea e numa diminuição significativa do risco de fratura.

As dietas ricas em proteínas estão associadas a um aumento da excreção de cálcio. Isto deve-se aparentemente ao consumo de proteínas animais, que são mais ricas em aminoácidos com enxofre do que as proteínas vegetais (Barzel e Massey, 1998). Pensa-se que os aminoácidos à base de enxofre são a principal causa de calciúria (perda de cálcio).

O mecanismo subjacente a esta situação está provavelmente relacionado com o aumento da secreção ácida devido ao elevado consumo de proteínas. Se os rins não forem capazes de tamponar os elevados níveis de ácido endógeno, outros sistemas fisiológicos terão de compensar, como o osso. O osso actua como um reservatório de álcali e, como resultado, o cálcio é libertado do osso para tamponar os níveis ácidos elevados e restaurar o equilíbrio ácido-base. O cálcio libertado pelo osso é conseguido através da reabsorção óssea mediada por osteoclastos (Arnett e Spowage, 1996). A reabsorção óssea (perda ou remoção de osso) causa um declínio no conteúdo mineral ósseo e na massa óssea (Barzel, 1976), aumentando o risco de fratura óssea e osteoporose.

Dawson-Hughes et al. (2002) confirmaram igualmente o efeito do aumento da ingestão de proteínas animais, que conduz a um aumento da excreção urinária de cálcio e a uma diminuição das concentrações de reabsorção óssea. No entanto, não existem provas quanto à quantidade de proteínas ingeridas que ajudem a aliviar este problema, o que resulta em confusão relativamente à ingestão de proteínas e ao osso. É provável que outros factores desempenhem um papel importante na compreensão da influência que as proteínas alimentares têm na perda ou no ganho ósseo. Por exemplo, a ingestão de cálcio pode ter uma função essencial na manutenção do osso. Uma maior ingestão de cálcio resulta em mais cálcio absorvido e pode compensar as perdas induzidas pelas proteínas da dieta e reduzir o efeito adverso da acidose endógena na reabsorção óssea (Dawson-Hughes, 2003).

2.12 Propriedades das proteínas nos sistemas alimentares

Através do seu fornecimento de aminoácidos, as proteínas são essenciais para o crescimento humano, mas também possuem uma série de propriedades estruturais e funcionais que têm um profundo impacto na qualidade dos alimentos. As proteínas desempenham um papel fundamental não só na manutenção da vida, mas também nos alimentos derivados de plantas e animais.

Os alimentos variam no seu conteúdo proteico e ainda mais nas propriedades dessas proteínas. Para além da sua contribuição para as propriedades nutricionais dos alimentos através do fornecimento de aminoácidos que são essenciais para o crescimento e manutenção humana, as proteínas conferem a base estrutural para várias propriedades funcionais dos alimentos (Yada, 2004).

2.12.1 Factores que afectam as propriedades das proteínas nos sistemas alimentares

Os factores intrínsecos, os factores extrínsecos ou ambientais e os tratamentos de transformação ou outras modificações intencionais podem todos contribuir para influenciar as propriedades químicas e funcionais das proteínas nos sistemas alimentares, como se mostra no quadro 2.3. Os factores intrínsecos incluem as propriedades químicas e físicas básicas dos aminoácidos que compõem uma determinada proteína. A distribuição das cadeias laterais não polares e polares ou carregadas na superfície da proteína desempenha um papel fundamental nas propriedades químicas e, em última análise, nas funções das proteínas.

2.12.1.1 Interações das proteínas com outros constituintes alimentares: Os principais constituintes dos alimentos , como a água, outras proteínas, lípidos e hidratos de carbono, bem como os constituintes menores, como sais, iões metálicos, acidulantes, componentes de sabor e compostos fenólicos, interagem com as proteínas para moldar as suas funções e a sua química (Yada, 2004).

As moléculas de água que estão ligadas por hidrogénio às moléculas de proteína podem ser extremamente importantes para a estabilidade estrutural da proteína (Damodaran, 1996). O equilíbrio entre as interações proteína-água versus interações proteína-proteína é importante nas propriedades funcionais, como o inchaço, a capacidade de ligação à água e a solubilidade dos ingredientes proteicos, bem como a sua capacidade de formar estruturas em rede, como géis ou películas, incluindo as que envolvem bolhas de espuma.

Os sais podem promover a solubilização (salting-in) ou a precipitação (salting-out) das proteínas, dependendo da concentração e da natureza do sal envolvido (Li-Chan, 1996).

O aumento do conteúdo da folha 0 observado no estado agregado induzido pelo sal pode ser atribuído à área de superfície relativamente grande e às oportunidades de ligação de hidrogénio proporcionadas pela estrutura da folha P (Przybycien e Bailey, 1991). Além disso, a menor força de hidratação da água nas estruturas em folha P do que nas estruturas em a-hélice, devido à geometria diferente das interações entre a água e o grupo carbonilo nestas conformações da estrutura secundária, pode influenciar as alterações nas interações água-proteína e proteína-proteína que favorecem a formação de agregados ou redes (Li-Chan e Qin, 1998).

Os acidulantes alteram a carga líquida e o ponto isoelétrico da molécula de proteína e podem também afetar a distribuição local de cargas positivas ou negativas na superfície da proteína, mais uma vez com possíveis alterações do equilíbrio proteína-solvente e proteína-proteína e propriedades associadas. A ligação específica de iões metálicos pode também afetar a estabilidade das proteínas (Yada, 2004).

Os hidratos de carbono, com os seus múltiplos grupos hidroxilo, podem contribuir para a estabilidade estrutural das proteínas, quer por exclusão do hidrato de carbono da superfície da proteína, resultando numa hidratação preferencial da proteína, quer por interação do hidrato de carbono com grupos hidroxilo ou grupos funcionais iónicos da molécula de proteína (MacDonald et al., 2000).

Estas interações hidratos de carbono/proteínas afectam a estabilidade das proteínas alimentares a processos como o tratamento térmico, a desidratação ou o armazenamento congelado, e constituem a base da adição de ingredientes como a sacarose ou o sorbitol para estabilizar as proteínas do músculo do peixe durante o armazenamento congelado ou a secagem (MacDonald et al., 2000). Podem ocorrer interações de atração (complexação) ou de repulsão (segregação) entre as proteínas e os polissacáridos aniónicos, como a carragenina ou a pectina, que conduzem à formação de um precipitado ou de um gel, dependendo de condições como a concentração do biopolímero, o pH e a força iónica (Dickinson, 1998).

Os resíduos não polares das proteínas são os principais responsáveis pelas interações hidrofóbicas com as moléculas de lípidos nas interfaces óleo-água, como as emulsões (Howell et al., 2001), embora as forças electrostáticas, covalentes, de hidrogénio e hidrofóbicas possam contribuir para as interações proteína-lípido (Alzagtat e Alli, 2002). As interações proteína-lípido podem também estar implicadas nas interações proteína-proteína; por exemplo, os complexos proteína-lípido no glúten de trigo têm sido associados à agregação mediada por lípidos de polipéptidos de alto e baixo peso molecular na fração de gliadina (Carcea e Schofield, 1996).

Quadro 2.4: Exemplos de propriedades estruturais ou químicas e de propriedades funcionais das proteínas alimentares

Structural or chemical properties			Functional properties		
Intrinsic factors	Extrinsic factors	Processing	Surface or interface	Hydrodynamic	Bioactivity
amino acid composition 1°, 2°, 3°, 4° structures conjugates subunits	pH redox status temperature salt, other ions solvent other major or minor constituents	heating cooling, freezing drying concentrating storage shear force pressure chemical or enzymatic modification	solubility wettability dispersibility foaming fat binding flavour binding	viscosity thickening gelation coagulation film formation	enzyme hormone antimicrobial antihypertensive immunomodulator y antioxidant opioid

Fonte: Adaptado de Damodaran (1996)

2.13 Propriedades químicas e físicas das proteínas alimentares

As proteínas desempenham um papel fundamental não só na manutenção da vida, mas também nos alimentos derivados de plantas e animais. Os alimentos variam no seu conteúdo proteico e, mais ainda, nas propriedades dessas proteínas. Para além da sua contribuição para as propriedades nutricionais dos alimentos, através do fornecimento de aminoácidos essenciais para o crescimento e manutenção do ser humano, as proteínas conferem a base estrutural para várias propriedades funcionais dos alimentos (Yada, 2004).

2.13.1 Forças moleculares que afectam as propriedades físico-químicas e funcionais

A estrutura tridimensional e quaternária de uma proteína no seu estado nativo depende não só das ligações covalentes que unem os resíduos de aminoácidos em sequência ou que criam ligações dissulfureto entre resíduos cisteínicos, mas também das numerosas interações não covalentes que ocorrem no interior da molécula de proteína, ou entre a molécula de proteína e as moléculas de solvente (geralmente água no caso dos sistemas alimentares), ou entre as proteínas e outras moléculas no sistema alimentar. Estas forças moleculares são fundamentais para a estabilização da estrutura dobrada da proteína numa conformação nativa específica. Influenciam a flexibilidade molecular, o tamanho e a forma da molécula de proteína. Além disso, estas forças podem estar envolvidas em interações intermoleculares, incluindo a agregação (Yada, 2004). Por conseguinte, as forças moleculares desempenham um papel importante na determinação das propriedades físico-químicas e funcionais da proteína.

2.14 Metodologia de superfície de resposta

Quando muitos factores e interações afectam as respostas desejadas num determinado processo, a metodologia de superfície de resposta (RSM) torna-se uma ferramenta eficaz para otimizar o processo (Triveni et al., 2001). A RSM é um projeto estatístico de experiências que envolve um conjunto de técnicas matemáticas e estatísticas essenciais para a modelação e análise de problemas em que uma resposta de interesse é influenciada por diversas variáveis e o objetivo é otimizar essa resposta (Montgomery, 2005). A ideia principal da RSM é utilizar uma sequência de experiências concebidas para obter uma resposta óptima. As aplicações mais comuns da RSM são as situações particulares em que diversas variáveis de entrada influenciam potencialmente uma medida de desempenho ou uma caraterística de qualidade do processo. Esta medida de desempenho ou caraterística de qualidade é designada por resposta. As variáveis de entrada são por vezes designadas por variáveis independentes. A variável independente e a variável dependente são utilizadas para diferenciar entre dois tipos de quantidades que estão a ser consideradas, classificando-as entre as que estão disponíveis no início de um processo e as que estão a ser criadas por este, em que as últimas (variáveis dependentes) dependem das primeiras (variáveis independentes). A variável independente é tipicamente a variável que representa o valor que está a ser manipulado ou alterado e a variável dependente é o resultado observado da manipulação da variável independente. Por exemplo, a recuperação de proteínas de uma planta é afetada por determinados factores, incluindo os tipos de solventes x_1, a concentração de solventes X_2, o tempo X_3 e o pH x_4. Por conseguinte, os tipos de solventes, a concentração de solventes, o tempo e o pH podem variar continuamente. Quando os tratamentos são feitos a partir de uma gama contínua de valores, a metodologia de superfície de resposta é útil para desenvolver, melhorar e otimizar a variável de resposta (Bradley, 2007). Neste caso, a recuperação de proteínas y é a variável de resposta e é uma função do tipo de solvente, da concentração de solvente, do tempo e do pH. Isto pode ser expresso como:

$$y = f(x_1, x_2, x_3, x_4) + \varepsilon$$

As variáveis x_1, x_2, x_3 e x_4 são variáveis independentes e a resposta y depende delas. A variável dependente y é uma função de x_1, x_2, x_3, x_4, e representa o ruído ou erro observado na resposta y. A superfície representada por f (x_1, x_2, x_3 e x_4) é chamada de superfície de resposta. A resposta pode ser representada graficamente, quer no espaço tridimensional, quer em gráficos de contorno que ajudam a visualizar a forma da superfície de resposta. Para além de analisar os efeitos das variáveis independentes, a metodologia experimental também gera um modelo matemático que descreve o processo global (Batista, 1999).

As vantagens da utilização da RSM incluem a redução do número de ensaios experimentais necessários para avaliar múltiplos parâmetros e a capacidade da ferramenta estatística para identificar interações. A metodologia de superfície de resposta tem sido amplamente utilizada para a identificação da melhor condição e otimização do rendimento de extração na preparação de amendoim parcialmente desengordurado (Badwaik et al., 2012), proteína de resíduos de peixe liofilizado (Nurdiyana et al., 2008), proteína de farinha de palmiste (Arifin et al., 2009) e proteína de milho desengordurado (Jauricque et al., 2011).

2.15 Extração e isolamento de proteínas

A proteína extraível determina a quantidade de proteína que pode ser disponibilizada a partir de uma determinada fonte para aplicações alimentares e não alimentares. Um dos factores preliminares que determinam se uma fonte de proteínas pode ou não ser utilizada para fins comerciais é a eficiência da extração de proteínas (Liu, 1997). A extração e o isolamento de proteínas podem ser eficazes na redução de muitos dos problemas antinutricionais, criando simultaneamente um produto rico em proteínas com propriedades nutricionais e funcionais comercializáveis. O isolamento de proteínas é um passo muito importante quando se incorporam proteínas de plantas oleaginosas em produtos alimentares. Os isolados proteicos são os produtos proteicos mais refinados que contêm a maior concentração de proteínas, mas, ao contrário da farinha e dos concentrados proteicos, não contêm fibras alimentares. São muito digeríveis e facilmente introduzidas em alimentos como bebidas desportivas e bebidas saudáveis, bem como em fórmulas infantis (Hoffman e Falvo, 2004).

2.15.1 Factores que afectam a extração de proteínas

Têm sido utilizados diferentes procedimentos na extração de proteínas para produzir uma mistura adequada para utilização em sistemas alimentares. O primeiro passo para obter um produto proteico enriquecido é extrair a matéria-prima com um solvente adequado, que é normalmente um solvente aquoso. Outros factores, para além da fonte de matéria-prima, que pretendem influenciar a extração incluem a natureza da matéria-prima e o tipo de proteína (Yada, 2004).

2.15.1.1 Origem da matéria-prima: A maioria das matérias-primas contém óleo, o que tende a influenciar o processo de extração. As matérias-primas com elevado teor de óleo têm de ser desengorduradas antes do isolamento das proteínas, a fim de evitar a formação de emulsões durante a extração de proteínas e produzir materiais proteicos isentos de óleo. Para obter amostras isentas de gordura, as matérias-primas são primeiro desengorduradas com solventes como o hexano (Kumagai et al., 2002) e o éter de petróleo (Sathe et al., 2002). As matérias-primas que contêm níveis elevados de óleo podem ser trituradas e prensadas mecanicamente (Shrestha et al., 2002) antes de serem desengorduradas com hexano.

2.15.1.2 Natureza da matéria-prima: Algumas proteínas de sementes contêm níveis elevados de fitatos, compostos fenólicos e outros contaminantes que podem ser tóxicos, interferir com o isolamento da proteína (redução do rendimento) ou contribuir para a descoloração, o sabor desagradável ou a funcionalidade reduzida da proteína isolada. Pawar e outros (2001) salientaram a necessidade de bons procedimentos de isolamento que reduzam os compostos antinutricionais, como os fitatos e os polifenóis. A influência dos fitatos e polifenóis na gelificação das proteínas do girassol foi referida por Pawar e outros (2001). Não existe uma metodologia ou um protocolo único para a extração de proteínas de oleaginosas ou de farinhas que conduza a produtos óptimos, tal como referido por Moure e outros (2006). A presença de isoflavonas nos produtos de isolado proteico tem merecido uma atenção consideravelmente maior do que a de outros compostos presentes no isolado proteico. Pensa-se que as isoflavonas são benéficas para a saúde cardiovascular, possivelmente através da redução das concentrações de lipoproteínas de baixa densidade (LDL) (Crouse et al., 1999), do aumento da oxidação das LDL (Tikkanen et al., 1998) e da melhoria da elasticidade dos vasos (Nestel et al., 1999). No entanto, estes estudos não foram isentos de resultados contraditórios e continua a ser necessária mais investigação sobre os benefícios das isoflavonas.

O nível de parede celular em alguns materiais vegetais influencia a extração de proteínas, como se observa no farelo de arroz (Wang et al., 1999). Este facto exigiu a utilização de carbohidrases para decompor os materiais da parede celular, a fim de facilitar a preparação de isolados proteicos. Para produzir um isolado proteico de farelo de arroz, o farelo de arroz desengordurado é misturado com água, ajustado a pH 5,0 e tratado com fitase e xilanase para degradar o ácido fítico e quebrar as paredes celulares, respetivamente (Wang et al., 1999).

2.15.1.3 Tipo de proteína (propriedades de solubilidade): A solubilidade diferencial das proteínas em diferentes soluções depende do pH e da força iónica da solução. A fim de enriquecer o isolado proteico, é normalmente concebida uma solução específica para extrair a amostra, o que leva à remoção da proteína de interesse, enquanto outras proteínas permanecem em solução ou são deixadas como resíduo. O isolamento à escala preparativa da P-lactoglobulina do isolado proteico de soro de leite (WPI) foi conseguido tirando partido da solubilidade da proteína a pH 2,0 na presença de 7% (p/v) de NaCl e, nestas condições, outras proteínas do soro de leite são insolúveis (Mate e Krochta, 1994). As propriedades de solubilidade do isolado proteico de sementes de algodão foram utilizadas para precipitar as proteínas de armazenamento e as proteínas não armazenadas a pH 4,0 e pH 7,0, respetivamente (Uzzan, 1988). Ambas as técnicas utilizam água para evitar a proteólise (Sathe e Salunkhe, 1981) e para a precipitação das proteínas por acidificação para ajustar o pH.

2.16 Solubilização de proteínas

A extração de proteínas envolve normalmente a utilização de soluções ácidas, alcalinas e salinas (Eromosele et al., 2008). Diferentes tipos de proteínas contidas nas matérias-primas favoreceriam determinados tratamentos, mas o solvente mais comum observado na literatura é uma solução aquosa alcalina, que tem sido utilizada para a Karkade (Hibiscus sabdariffa) (Abu-Tarboush, 1995), sementes de amaranto (Ventureira et al., 2011) e sementes de sésamo (Bandyopadhyay e Ghosh, 2002). A utilização de álcali como solvente para a extração de proteínas é atualmente muito apreciada devido ao elevado grau de solubilidade que pode ser alcançado. Uma vez que todos estes investigadores utilizaram álcalis na sua extração de proteínas, o pH da solução é muito importante para obter um maior rendimento proteico. Verificou-se que valores de pH mais elevados, especialmente pH 12 e superior (Deng et al., 1990), aumentam a formação de lisinoalanina. Este facto levou a que os investigadores preferissem uma solução alcalina de pH mais baixo para solubilizar as proteínas.

Para além do NaOH, outros agentes solubilizantes, como sais e enzimas, são populares na solubilização de proteínas. Os sais, incluindo o NaCl, os sais de fosfato, como o NaH2PO4 e o hexametafosfato de sódio (SHMP), também têm sido utilizados para melhorar a extração de proteínas (Bland e Lax, 2000). A extração com NaCl foi utilizada para várias proteínas, incluindo o linho (Oomah et al., 1994), o cártamo (Ordorica-Falomir et al., 1990; Paredes-Loâpez, 1991), o girassol (Shamanthaka-Sastry e Narasinga Rao, 1990) e a canola (Murray, 2001a; 2001b). Para além de o NaCl ser utilizado como ingrediente alimentar, evita a utilização de extremos de pH e as alterações associadas na estrutura das proteínas.

Em alternativa, as enzimas, incluindo as enzimas proteolíticas, como a papaína (Cai et al., 1996) e a pectinase (Sen e Bhattacharyya, 2001), tornaram as proteínas solúveis para serem precipitadas a pH 4,8-5,0. Foram obtidas fracções proteicas com 78% de proteínas e baixos níveis de CGA e hidratos de carbono com esta abordagem (Parrado et al., 1991).

2.17 Recuperação de proteínas

Os investigadores utilizaram vários procedimentos para precipitar as proteínas das soluções. As proteínas extraídas com uma solução alcalina precipitam-se sobretudo com o ajuste do pH. Foi registada uma precipitação máxima de proteínas a pH 4,0 (Klockeman et al., 1997), com apenas cerca de 53% das proteínas precipitadas (Chen e Rohani, 1992). Para a proteína da farinha de sementes de Karkade, foi utilizado um intervalo de pH de 3,0 a 5,0 (Abu-Tarboush, 1995).

Esta conclusão está de acordo com os dados fornecidos por outros investigadores. Hang et al., (1970) relataram que várias proteínas de feijão, nomeadamente feijão mungo, ervilha e feijão vermelho, têm um ponto comum de precipitação mínima a pH 4,0

O precipitado contém maioritariamente a proteína de interesse e é recolhido por centrifugação (Kumagai et al., 2002). O isolado proteico pode ser neutralizado a pH

6,9-7,2 com álcali diluído (geralmente NaOH) para dar um produto mais solúvel chamado proteinato. O sobrenadante que permanece após a remoção do isolado proteico precipitado contém proteínas solúveis que podem ser recuperadas por processamento de membrana. O sobrenadante é processado por ultrafiltração e diafiltração para remover substâncias de baixo peso molecular, especialmente sais e péptidos, para produzir um retentado, que é liofilizado como o isolado proteico solúvel (Xu et al., 2003).

2.18 Propriedades funcionais das proteínas nos alimentos

As proteínas têm muitas propriedades funcionais úteis nos alimentos que lhes permitem desempenhar um papel ou função específica num alimento. Por exemplo, uma proteína com a capacidade de formar um gel pode ser utilizada num alimento com a intenção específica de formar um gel, como na utilização de gelatina para fazer geleia. As propriedades funcionais ou papéis das proteínas nos alimentos incluem a solubilidade e o valor nutricional. Podem também ser utilizadas como agentes espessantes, aglutinantes ou gelificantes e como emulsionantes ou agentes espumantes. As propriedades funcionais de uma proteína específica dependem da sua composição e sequência de aminoácidos, uma vez que estes determinam a conformação e as propriedades da proteína. Embora nenhuma proteína apresente todas as propriedades funcionais, a maioria das proteínas pode desempenhar várias funções diferentes nos alimentos, dependendo das condições de processamento. Algumas proteínas são bem conhecidas pelas suas propriedades funcionais específicas nos alimentos (Vaclavik e Christian, 2008).

O isolamento de proteínas é apenas o primeiro passo para a incorporação de proteínas de plantas oleaginosas em produtos alimentares. Para colher os benefícios destas proteínas nutritivas, é fundamental que a sua incorporação em produtos alimentares seja efectuada de forma a que os alimentos continuem a ser apelativos para o consumidor. As propriedades funcionais das proteínas fornecem informações valiosas sobre a eficácia com que as proteínas são capazes de o fazer. As propriedades funcionais que parecem receber mais atenção quando se caracterizam proteínas isoladas são a solubilidade, a capacidade de absorção de água (capacidade de retenção de água), a capacidade de ligação à gordura, a atividade e estabilidade de emulsificação, a capacidade e estabilidade de formação de espuma e a gelificação. A tendência na avaliação das propriedades funcionais das proteínas de plantas oleaginosas tem sido compará-las com as proteínas de soja ou avaliar as alterações destas propriedades em função das condições de preparação ou manuseamento. A comparação das propriedades funcionais de diferentes proteínas oleaginosas, segundo Arntfield (2004), é difícil devido à influência da técnica de isolamento das proteínas e à variabilidade das técnicas utilizadas para avaliar as propriedades funcionais.

2.18.1 Solubilidade e capacidade de absorção

A solubilidade é também afetada pelo tipo e concentração de sais num sistema alimentar. À medida que os sais aumentam a sua concentração, as proteínas tornam-se mais solúveis. A solubilidade é frequentemente utilizada como um indicador de outras propriedades funcionais. No entanto, os dados relativos à solubilidade das proteínas das plantas oleaginosas são limitados, uma vez que a solubilidade é frequentemente influenciada pelo método de isolamento utilizado. Como muitas destas proteínas são globulinas (solúveis em sal), uma avaliação da solubilidade em água nem sempre é benéfica. No entanto, num estudo de Oomah e Mazza (1993), um isolado proteico com baixo teor de mucilagem de sementes de linho demonstrou ter melhores propriedades de absorção de água do que um isolado proteico de soja. O pH utilizado para a precipitação da proteína afectou a solubilidade da proteína de cártamo, com maior solubilidade quando a proteína foi precipitada a pH 6 em vez de pH 5 (Betschart et al., 1979). O protocolo de ensaio também pode ter um impacto na solubilidade. As proteínas de um concentrado preparado a partir de sementes de sésamo, tal como a maioria das proteínas vegetais, tinham uma solubilidade reduzida em torno do ponto isoelétrico, mas se o sal fosse incluído durante a avaliação da solubilidade, a solubilidade da proteína aumentava (Inyang e Iduh, 1996).

2.18.2 Propriedades de ligação de gorduras e de emulsificação

Isto diz respeito ao comportamento da proteína aquando da incorporação de proteínas em sistemas mistos . As proteínas de cártamo que foram neutralizadas a pH 7 após precipitação a pH 5 apresentaram propriedades de ligação de gordura e de emulsificação equivalentes às da soja (Betschart et al., 1979), enquanto as propriedades de absorção de gordura e de emulsificação de um isolado proteico de linho com baixo teor de mucilagem foram superiores às de um isolado proteico de soja (Oomah e Mazza, 1993). As propriedades de absorção de gordura e de emulsificação da proteína de canola foram consideradas boas, mas não foram comparadas com as da soja (Thompson et al., 1982). Pawar e outros (2001) demonstraram que a absorção de óleo e as propriedades de emulsificação podem ser influenciadas pela técnica de isolamento da proteína, que pode ser melhorada quando os factores antinutricionais, como os fitatos e os compostos polifenólicos, são reduzidos durante a preparação do isolado. Num estudo realizado por Inyang e Iduh (1996), a atividade emulsionante de um concentrado proteico de sésamo aumentou com o aumento do pH ou da concentração de sal durante a avaliação e a estabilidade da emulsão também melhorou com a inclusão de sal durante o teste.

2.18.3 Propriedades de formação de espuma

As espumas são o resultado do comportamento das proteínas nas interfaces ar-água. A difusão rápida das moléculas para a interface, seguida de um rearranjo molecular, permite que estas películas prendam o ar. As propriedades da espuma são influenciadas pelo pH a que as proteínas se precipitam. As proteínas do cártamo precipitadas a pH 6,0 apresentam boas propriedades espumantes do que quando precipitadas a pH 5,0 (Betschart et al., 1979). A redução dos fitatos e dos compostos polifenólicos durante a preparação do isolado de proteína de girassol melhorou a capacidade de formação de espuma em comparação com os isolados com níveis mais elevados de fitatos e polifenólicos (Pawar et al., 2001).

2.18.4 Gelificação

Entre as proteínas comerciais utilizadas na indústria alimentar, a gelatina tem sido considerada como especial e única, servindo múltiplas funções com uma vasta gama de aplicações em várias indústrias (Karim e Bhat, 2008). As proteínas não cárneas são frequentemente utilizadas como agentes gelificantes alternativos em produtos cárneos triturados para aumentar o rendimento e a textura, melhorando as propriedades de ligação à água (Pietrasik e outros, 2007).

Foi demonstrado que as globulinas de sésamo isoladas produzem géis mais duros com menos sinérese do que os géis de proteína de soja (Yuno-Ohta et al., 1994), mas os géis de isolados de proteína de canola não eram geralmente tão bons como os de soja (Owen et al., 1992). Para produzir géis a partir de proteína de canola após aquecimento, era necessário pelo menos 5,4% de proteína no sistema para obter qualquer formação de gel a pH 7 (Gill e Tung, 1976), e se o pH durante o teste fosse aumentado, eram criados géis mais fortes (Leâger e Arntfield, 1993). A adição de fitatos ou compostos fenólicos, no entanto, resultou em géis mais fracos e menos elásticos, mesmo a pH 8,5 (Arntfield, 1996). Embora a inclusão de sal tenha sido capaz de melhorar a força do gel na presença de compostos fenólicos, a elasticidade da rede permaneceu fraca (Arntfield, 1996). Uma influência semelhante dos fitatos e polifenóis na gelificação das proteínas de girassol foi registada por Pawar et al. (2001). Estes dados sublinham a necessidade de procedimentos de isolamento que reduzam estes compostos. O teor de cálcio e a hidrofobicidade são factores de previsão da força de gelificação (Kohnhorst e Mangino, 1985).

2.19 Efeito dos métodos de secagem nas propriedades funcionais do isolado proteico

A secagem, o último passo na preparação do isolado proteico, pode ser efectuada por vários métodos, como a liofilização, a secagem por pulverização ou a secagem por vácuo. O método utilizado na secagem do isolado proteico após a recuperação das proteínas pode influenciar as propriedades funcionais. Cepeda et al. (1998) referiram que a farinha proteica de fava seca por pulverização era melhor do que um produto liofilizado em termos de solubilidade. Do mesmo modo, Kalapathy et al. (1997) referiram que as SPI secas por pulverização tratadas com Na2SO3 tinham maior solubilidade, capacidade de retenção de água e viscosidade em comparação com os produtos liofilizados. O seu relatório concluiu que a liofilização é normalmente utilizada em experiências laboratoriais, enquanto a secagem por pulverização é utilizada em processos industriais e a secagem por vácuo é aplicada em ambos os casos. Por conseguinte, os resultados da investigação sobre as propriedades funcionais do isolado proteico liofilizado em experiências laboratoriais podem não ter aplicabilidade prática. Embora estes e outros estudos do género refiram uma correlação positiva entre a secagem por pulverização e as propriedades funcionais do isolado proteico, muito não foi investigado sobre a secagem solar do isolado proteico para verificar o seu efeito nas propriedades funcionais. A prova direta dos efeitos de vários métodos de secagem nas propriedades funcionais do isolado proteico baseia-se em experiências que utilizam o mesmo método de secagem que é consistente com a prática industrial. É muito importante que o método de secagem seja tido em consideração na investigação das propriedades funcionais das proteínas.

2.20 Separação de proteínas

Para comparar proteínas de dois tipos diferentes de plantas, os cientistas realizam por vezes uma experiência para separar as proteínas umas das outras, para que possam ser examinadas separadamente, um processo chamado eletroforese. O tipo mais comum de eletroforese realizada com proteínas é a eletroforese zonal, na qual as proteínas são separadas de uma mistura complexa em bandas por migração em tampões aquosos através de uma matriz de polímero sólido chamada gel. A separação depende da fricção da proteína dentro da matriz e da carga da molécula de proteína (Nielsen, 2010). O padrão de bandas que se forma numa experiência de eletroforese é distinto para cada conjunto de proteínas. A comparação da mesma proteína em espécies diferentes pode mostrar padrões de bandas diferentes nas diferentes espécies. Os investigadores utilizaram este tipo de informação distintiva para identificar a que espécie vegetal pertence uma determinada planta.

CAPÍTULO 3

3 .0 MATERIAIS E MÉTODOS

3.1 Materiais

3.1.1 Origem das matérias-primas

Foram estudados dois tipos de amostras de folhas de fetos do Gana. São eles o Nephrolepis biserrata e o Arthropteris orientalis. O Nephrolepis biserrata, também conhecido como feto aquático, foi colhido num riacho, ao longo da estrada de Mango, na Universidade de Ciência e Tecnologia Kwame Nkrumah (KNUST), num único local. A Arthropteris orientalis foi também colhida em palmeiras ao longo da estrada Buroburo da KNUST, Kumasi-Gana.

3.1.2 Preparação da amostra

As amostras de folhas de feto foram selecionadas para remover materiais indesejados, lavadas e secas ao sol durante duas semanas. As folhas secas de feto foram moídas em farinha utilizando moinhos de rolos MPE (Modelo GP-140 Grinder, Shanghai-China) no Departamento de Farmácia, KNUST, Kumasi. O tamanho das partículas foi ainda reduzido utilizando um misturador e peneirado até um tamanho de partícula de 25 |im. A amostra de farinha de feto foi armazenada num recipiente hermético sob refrigeração a 4 ºC para análise posterior.

3.1.2.1 Preparação da farinha de feto desengordurada (DFF): A farinha foi desengordurada utilizando o método de extração a frio, mergulhando a farinha (atada num pano de queijo) em hexano, numa proporção de 1:10 p/v, relativamente à farinha/solvente. O conjunto foi selado e deixado durante 48 h (2 dias) à temperatura ambiente, após o que a farinha desengordurada foi seca ao sol para expulsar o solvente residual e armazenada em sacos de polietileno de alta densidade à temperatura ambiente (25 ºC) até ser necessária.

3.1.2.2 Preparação da amostra para eletroforese em gel de poliacrilamida com dodecil sulfato de sódio (SDS-PAGE): Cerca de 0,5 g de proteína isolada de cada tipo de feto foi dissolvida em 100 I[1]L de tampão de amostra 1x SDS num tubo de centrifugação. O tubo de centrifugação e o seu conteúdo foram centrifugados (modelo: Sorvall® RC 5C) a 5000 rpm durante 10 minutos a 4 ºC e aquecidos durante 3 minutos num banho seco (Fisher Isotemp® Dry Bath, modelo 154) a 95 ºC. Os tubos que continham as amostras foram então armazenados no frigorífico para SDS- PAGE.

3.2 Métodos

3.2.1 Análises aproximadas

A análise da farinha de folhas de feto e da sua farinha de feto desengordurada foi efectuada de acordo com a AOAC (2005) da seguinte forma

3.2.1.1 Humidade: Cerca de 2,0 g de farinha foram pesados e transferidos para um cadinho de vidro previamente tarado e colocados numa estufa de ar quente para secar a 105 °C até se obter um peso constante. As amostras foram arrefecidas num exsicador, pesadas e colocadas de novo na estufa para secar até peso constante. As medições foram efectuadas em triplicado. A perda de peso foi calculada como percentagem de humidade (AOAC, 2005), como indicado no Apêndice 1.

3.2.1.2 Cinzas: Cerca de 2 g de amostra num cadinho de porcelana previamente pesado foram queimados numa mufla a 600 °C durante 2 h. Os cadinhos com cinzas foram arrefecidos e novamente pesados. A perda de peso foi calculada como percentagem de cinzas (AOAC, 2005), como indicado no apêndice 1.

3.2.1.3 Matéria gorda bruta: A amostra utilizada para a determinação da humidade foi transferida para um dedal de papel, etiquetada e colocada num suporte de dedal para a determinação da gordura bruta. Cerca de 200 mL de hexano foram vertidos para um balão de fundo redondo de 500 mL previamente pesado e montado num extrator de soxhlet semi-contínuo e refluxado durante 16 h. O hexano foi recuperado após a remoção do dedal de papel do suporte do dedal e o balão contendo a gordura foi aquecido durante 30 min numa estufa a 103 °C para eliminar o hexano residual. O frasco contendo a matéria gorda foi novamente pesado após arrefecimento num exsicador. O aumento de peso foi calculado como percentagem de matéria gorda bruta (AOAC, 2005), como indicado no apêndice 1.

3.2.1.4 Proteína: A determinação das proteínas da farinha de feto foi efectuada pelo método de Kjeldahl em três etapas: digestão, destilação e titulação.

Digestão: Cerca de 2 g de amostra de farinha de feto foram pesados num balão de digestão e misturados com 25 mL de catalisador de selénio H_2SO_4, concentrado e alguns agentes anti-bumping. O frasco e o seu conteúdo foram digeridos por aquecimento numa câmara de fumos até a cor da solução se tornar clara.

Destilação: Depois de terminada a digestão, deixou-se arrefecer o balão de digestão e a solução foi transferida para um balão volumétrico de 100 mL e o volume foi completado até à marca dos 100 mL com água destilada. O aparelho de destilação foi lavado com água e 10 mL da amostra digerida foram transferidos para o aparelho de destilação.

A solução foi neutralizada com 18 mL de NaOH e fervida sob água de destilação num gerador de vapor. A circulação foi permitida durante cerca de 10 minutos. Encheu-se um erlenmeyer com 25 mL de ácido bórico a 2 % e adicionaram-se 3 gotas de indicador misto (azul de metileno e vermelho de metileno). O frasco cónico e o seu conteúdo foram colocados sob o condensador numa posição em que a ponta do condensador ficou completamente imersa na solução durante 10 minutos e a extremidade do

condensador foi lavada com água destilada.
Titulação: O teor de azoto foi então estimado titulando o borato de amónio formado no frasco cónico com uma solução de HCl 0,1 M. Os valores de título das amostras replicadas foram registados e a percentagem de azoto calculada (AOAC, 2005), como indicado no apêndice 1. Foi efectuada uma amostra em branco ao mesmo tempo que a amostra estava a ser analisada.

3.2.1.5 Fibra bruta: Uma amostra desengordurada de cerca de 2,0 g foi pesada e transferida para um balão de fundo plano e foram adicionados 200 mL de 1,25 % de H_2SO_4. O balão foi ligado a um condensador sobre uma placa quente e refluxado durante 30 minutos após a primeira gota de condensado. O balão foi desligado do condensador e filtrado através de um pano de queijo limpo. O resíduo foi então lavado com muita água a ferver até o filtrado deixar de ser ácido, verificando-o com papel de tornassol azul.
O resíduo foi transferido quantitativamente de volta para o balão e foram adicionados 200 mL de NaOH a 1,25 % e refluxado durante 30 minutos. O conteúdo foi filtrado através de um pano de queijo e lavado com água a ferver até o filtrado deixar de ser básico, verificando com papel de tornassol vermelho.
O resíduo foi transferido para um cadinho de porcelana seco e seco numa estufa a 105 °C durante 4 h. A amostra seca mais o cadinho de porcelana, depois de arrefecida num exsicador, foi pesada e registada. Em seguida, a amostra foi colocada numa mufla a 600 °C e queimada durante 2 h, tendo sido novamente pesada após arrefecimento num exsicador. A diferença de peso foi calculada como percentagem de fibra bruta (AOAC, 2005), como se mostra no Apêndice 1.

3.2.1.6 Hidratos de carbono disponíveis: O teor de hidratos de carbono disponíveis presente foi determinado subtraindo todas as outras determinações de proximidades de 100 % (AOAC, 2005), como indicado no apêndice 1.
Todos os valores foram expressos como médias de triplicados para todas as análises.

3.2.2 Conceção da extração do extrato de proteínas

3.2.2.1 Projeto experimental: A extração de proteínas foi realizada utilizando o software Design Expert versão 7.0 (2007). A metodologia de superfície de resposta (RSM) foi utilizada neste estudo para determinar as condições óptimas para a extração de proteínas das amostras de farinha de feto desengordurada. Para o tratamento alcalino, foi investigado o efeito de duas variáveis independentes, ou seja, a concentração de NaOH e o tempo.
A restrição da proporção dos componentes é apresentada na Tabela 3.1. Para o tratamento salino, foi investigado o efeito de duas variáveis independentes, ou seja, a

concentração de NaCl e o tempo. A gama das variáveis é apresentada na Tabela 3.2. Para o tratamento com álcool, foi investigado o efeito de duas variáveis independentes: concentração de etanol e tempo. A gama de variáveis é apresentada na Tabela 3.4.

Tabela 3.1: Restrição para o tratamento alcalino

Parameters	Lower limit	Upper limit
NaOH concentration (M)	0.01	0.1
Time (min.)	30	60

Quadro 3.2: Restrição para tratamento salino

Parameters	Lower limit	Upper limit
NaCl concentration (M)	0.01	0.1
Time (min.)	30	60

Tabela 3.3: Nível efetivo das variáveis independentes para NaOH e NaCl

Runs	Independent variables	
	Solvent concentration (M)	Time (min.)
1	0.01	30
2	0.1	30
3	0.01	60
4	0.1	60
5	0.055	45
6	0.055	45
7	0.055	45
8	0.055	45
9	0.01	45
10	0.1	45
11	0.055	30
12	0.055	60
13	0.055	45
14	0.055	45
15	0.05	45
16	0.05	45

Tabela 3.4: Restrição para uma extração óptima utilizando NaOH

Parameters	Lower limit	Upper limit
NaOH concentration (M)	0.05	0.15
Time (min.)	10	60

Tabela 3.5: Nível real das variáveis independentes para uma extração óptima com NaOH

Runs	Independent variables	
	Solvent concentration (M)	Time (min.)
1	0.05	10
2	0.05	60
3	0.05	35
4	0.1	35
5	0.1	35
6	0.1	35
7	0.1	35
8	0.1	10
9	0.1	60
10	0.1	35
11	0.1	35
12	0.1	35
13	0.1	35
14	0.15	10
15	0.15	60
16	0.15	35

Tabela 3.6: Restrição para o tratamento com etanol

Parameters	Lower limit	Upper limit
Ethanol concentration (%)	50	70
Time (min.)	10	60

Runs	Independent variables	
	Solvent concentration (%)	Time (min)
1	50	10
2	50	60
3	50	35
4	60	35
5	60	35
6	60	35
7	60	35
8	60	10
9	60	60
10	60	35
11	60	35
12	60	60
13	60	35
14	70	10
15	70	60
16	70	35

Quadro 3.7: Nível efetivo das variáveis independentes para o etanol

3.2.3 Extração de proteínas

As proteínas foram extraídas com base num método descrito por El-Tinay et al. (1988). O efeito do tempo e da concentração do solvente na capacidade de extração das proteínas da farinha de feto desengordurada foi determinado dispersando 0,5 g de amostra em 25 mL dos três solventes, juntamente com diferentes níveis de variáveis independentes, como indicado nos quadros 3.3, 3.5 e 3.7. As amostras foram agitadas à temperatura ambiente durante os períodos de extração especificados num agitador orbital (Gallenkamp orbital shaker, London-UK) a 150 rpm. O licor solubilizado foi separado do material insolúvel por centrifugação a 2500 rpm durante 15 minutos à temperatura ambiente (25 °C).

3.2.4 Determinação das proteínas

Foram retiradas alíquotas das soluções sobrenadantes (das corridas) para a estimativa das proteínas (quadros 3.3, 3.5 e 3.7) por meio de uma curva-padrão de acordo com o método de Bradford (1976), utilizando o reagente de ensaio de proteínas de Coomassie com albumina de ovo como padrão. A absorvância foi medida a 595 nm com um espetrofotómetro (UV/VIS 1601, Shimadzu, Tóquio-Japão). A absorvância gerada para as séries foi convertida em quantidade de proteína extraída, como indicado nos quadros 4.2 e 4.6, utilizando a equação gerada a partir da curva-padrão (apêndice 2).

3.2.5 Isolamento de proteínas utilizando condições optimizadas

Antes da extração máxima de proteínas, foram retiradas alíquotas do sobrenadante da extração com NaOH e etanol para determinar o pH a que as proteínas precipitariam, tanto para NB como para AO. O solvente que apresentou maior quantidade de proteína com a sua condição foi utilizado para extrair mais do sobrenadante para o isolado proteico. O sobrenadante produzido a partir da condição optimizada após a centrifugação foi acidificado com HCl concentrado até um intervalo de pH de 2,3 a 2,5, onde as proteínas precipitaram, após o que foi centrifugado a 3000 rpm durante 15 minutos. O precipitado foi lavado repetidamente com água destilada, após o que as proteínas precipitadas foram liofilizadas (Labconco freeze system 12, Kansas-U.S.A.) e a análise de Kjeldahl foi efectuada (% N x 6,25) para obter o teor percentual de proteínas no isolado. Os isolados proteicos do feto foram então refrigerados para análise posterior.

3.2.6 Determinação das propriedades funcionais

3.2.6.1 Solubilidade das proteínas: A solubilidade dos isolados proteicos em função do pH foi determinada de acordo com o método descrito por Dench et al. (1981) com uma ligeira modificação. Amostras de cem miligramas de cada isolado proteico liofilizado foram suspensas em 20 mL de água destilada e o pH das suspensões foi ajustado de 2,0-14,0 com um intervalo de 2 unidades usando HCl 0,1N ou solução de NaOH. As suspensões foram agitadas com um agitador orbital em vez de um agitador magnético (Dench et al., 1981) durante 30 minutos à temperatura ambiente e depois centrifugadas a 4000 rpm durante 30 minutos. A quantidade de proteína dissolvida no sobrenadante foi determinada pelo método de Biureto, de acordo com a AOAC (1995), utilizando albumina de ovo como padrão. A solubilidade proteica foi calculada como indicado no apêndice 4. Todas as amostras foram analisadas em triplicado e as médias foram apresentadas.

3.2.6.2 Capacidade de retenção de água (WHC): Para determinar a capacidade de retenção de água da farinha de feto desengordurada, seguiu-se o método descrito por Diniz e Martin (1997). Amostras triplicadas (0,5 g) de cada isolado foram dissolvidas com 10 mL de água destilada em tubos de centrífuga graduados e agitadas em vórtex durante 30 segundos para dispersar as proteínas. Após um período de espera de 30 min à temperatura ambiente, as dispersões foram centrifugadas a 3000 rpm durante 25 min. O sobrenadante foi filtrado com um pano de queijo e o volume do fluido libertado foi medido com precisão. Foi calculada a diferença entre os volumes iniciais de água destilada adicionados às amostras de proteínas e o volume recuperado. Os resultados foram apresentados em triplicado como volume (mL) de água absorvida por grama de amostra de proteína.

3.2.6.3 Capacidade de retenção de óleo: A capacidade de retenção de óleo da proteína de feto desengordurada foi determinada como o volume de óleo comestível retido por 0,5 g de proteína de feto, de acordo com o procedimento descrito por Shahidi et al. (1995). A amostra de proteína em 10 mL de óleo foi agitada com um agitador orbital a 150 rpm e depois centrifugada a 3000 rpm durante 25 min. O volume do sobrenadante foi medido. A capacidade de retenção de óleo foi expressa como o volume (mL) de óleo retido por 0,5 g de amostra de proteína.

3.2.6.4 Capacidade de formação de espuma e estabilidade: A capacidade de formação de espuma foi determinada utilizando o método descrito por Aruna e Parakash (1993) com pequenas modificações. Cem mililitros de água desionizada (V_1) a diferentes pH (2-14) foram adicionados separadamente a 1 g de isolados proteicos de feto desengordurados. A suspensão foi misturada durante 3 min. utilizando um misturador de alta velocidade em vez de um agitador (Aruna e Parakash, 1993), vertida numa proveta graduada de 250 mL e os volumes de espuma (Vt) foram imediatamente registados. A FC foi calculada conforme indicado no apêndice 4.

A estabilidade da espuma foi determinada medindo a diminuição do volume da espuma em função do tempo aos 10, 20, 30, 40, 50 e 60 minutos, utilizando o pH da suspensão proteica que registou a maior percentagem de CF.

3.2.8 Análise estatística

Os resultados experimentais relativos à composição química e às propriedades funcionais foram expressos como média ± desvio-padrão (DP) de três réplicas. Quando aplicável, os dados foram submetidos a uma análise de variância de uma via (ANOVA) e a diferença entre as amostras foi determinada pelo teste de Tukey utilizando o programa Minitab 16. Os valores de $p < 0,05$ foram considerados significativos.

Os dados de resposta obtidos a partir da curva padrão foram carregados na ferramenta estatística Design Expert (2007) e executados para gerar parâmetros de regressão que foram estudados. Os valores previstos dos rendimentos proteicos foram calculados utilizando o modelo de regressão e comparados com os valores experimentais. O modelo de estimativa mais compatível entre as expressões média, linear, quadrática e cúbica de cada variável de resposta foi identificado com base em toda a análise estatística que inclui o modelo sequencial, a soma dos quadrados, os testes de falta de ajuste e as estatísticas de resumo do modelo. Uma vez selecionado um modelo, foi calculada uma análise de variância para avaliar o grau de representação dos dados pelo modelo.

A significância estatística dos termos no modelo de regressão foi examinada por análise de variância (ANOVA) para cada resposta (Apêndice 3). Os valores de p para os modelos de regressão, bem como as interações entre os factores de extração, foram testados contra $p<0,05$.

CAPÍTULO 4

4.0 RESULTADOS E DISCUSSÃO

4.1 Composição química

A composição química da farinha de feto inteira e da farinha desengordurada é apresentada no Quadro 4.1. Verificou-se uma diminuição geral de toda a composição química após a desengorduramento, tanto para Nephrolepis biserrata como para Arthropteris orientalis, exceto no que se refere ao teor de hidratos de carbono e proteínas.

A farinha desengordurada de A. orientalis também apresentou uma diminuição do teor de cinzas.

Sabe-se que o teor de humidade de uma amostra reflecte a quantidade de matéria sólida na amostra. Os resultados não mostram diferenças significativas no teor de humidade entre a farinha integral de N. biserrata e A. orientalis. O teor de humidade da farinha diminuiu significativamente ($p<0,05$) de 7,79 % para 4,22 % e de 7,81 % para 3,92 % para N. biserrata e A. orientalis, respetivamente, após a extração do óleo. A tendência do teor de humidade dos dois tipos de fetos neste estudo foi consistente com a observação feita por Tömösközi et al. (2008), que registaram 13,36 % de teor de humidade da farinha gorda de Amaranthus hypocondriatus, mas que foi reduzido para 12,00 % após a desengorduramento.

Um relatório anterior de Abu-Tarboush (1995) mostrou uma tendência diferente com o aumento do teor de humidade após a desengorduramento. De acordo com Vaclavik e Christian (2008), o controlo do nível de água nos alimentos é um aspeto importante da qualidade alimentar, uma vez que o teor de água afecta o prazo de validade dos alimentos.

Verificou-se um aumento significativo do teor de proteínas e hidratos de carbono após a desengorduramento em 2,14 % e 5,70 % para a N. biserrata e 3,43 % e 7,53 % para a A. orientalis, respetivamente. Esta observação pode ser explicada pelo facto de que quando a gordura é removida de uma amostra de alimento, os ingredientes disponíveis para a substituir são as proteínas, os hidratos de carbono, os minerais ou o ar (Vaclavik e Christian, 2008).

Estes itens aumentam automaticamente e proporcionalmente, mesmo que nada de novo seja adicionado à amostra de alimentos (Glicksman, 1991). Este fenómeno é coerente com as observações feitas por Govardhan-Singh et al. (2011) e Abu-Tarboush (1995), que também registaram um aumento dos teores de proteínas e de hidratos de carbono em resultado da desengorduramento.

O elevado teor de proteínas das folhas de feto sugere que estas podem complementar as farinhas de cereais e tubérculos, que não só são deficientes em aminoácidos como também são pobres em proteínas.

Quadro 4.1: Composição química da farinha de folhas de feto inteiras e da farinha desengordurada obtida pelo método de extração a frio

Composition	*Nephrolepis biserrata*		*Arthropteris orientalis*	
(Mean %)	Whole flour	Defatted flour	Whole flour	Defatted flour
Moisture	7.79±0.18^{a}	4.22±0.21^{b}	7.81±0.02^{a}	3.92±0.64^{b}
Fat	3.03±0.58^{a}	0.27±0.25^{b}	3.78±0.33^{a}	0.53±0.05^{b}
Fiber	17.14±1.40^{a}	11.21±0.91^{bc}	12.21±1.30^{b}	9.00±0.59^{c}
Ash	5.59±0.48^{c}	6.09±0.52^{c}	12.72±0.67^{a}	10.39±0.27^{b}
Protein	23.42±1.62^{b}	25.57±2.62^{a}	19.28±1.49^{c}	22.71±0.43^{b}
Carbohydrate	43.01±1.53^{c}	48.71±1.18^{b}	44.21±0.65^{c}	51.74±0.92^{a}
*Protein isolate content	-	39.33±0.32^{a}	-	35.26±0.54^{b}

Os valores são médias de triplicados ± desvio padrão. O sobrescrito indica que, a P < 0,05, existe uma diferença significativa. As médias na linha com diferentes sobrescritos são significativamente diferentes (P < 0,05). *Percentagem de proteína após isolamento.

4.2 Tratamento alcalino

Foi estabelecida a relação entre o tempo e a concentração de proteínas extraídas por tratamento alcalino. A partir da Tabela 4.2, as variáveis independentes foram analisadas para prever o máximo de proteínas extraídas dentro de um determinado intervalo (Tabela 3.1).

O gráfico da superfície de resposta para a proteína extraída de N. biserrata desengordurada em função do tempo e da concentração de NaOH é apresentado na Figura 4.1. O gráfico indica que a quantidade de proteína extraída aumentou com a diminuição do tempo de agitação. A proteína extraída foi mais pronunciada na concentração alcalina elevada de 0,1 M (Figura 4.1) e isto foi consistente com uma observação de Batista (1999) ao extrair proteínas de pescada e peixe-monge utilizando NaOH.

Mais uma vez, quando a concentração de NaOH aumentou, verificou-se um aumento correspondente nas proteínas extraídas. No entanto, o aumento do tempo de agitação mostrou um efeito linear negativo na quantidade de proteínas extraídas, indicando que a maioria das proteínas se dissolve na solução durante os primeiros 30 minutos de agitação, mas a extração de proteínas é baixa após 45 minutos. Isto significa que um tempo de agitação prolongado provoca a desnaturação das proteínas, o que reduz a quantidade de proteínas na solução (Eke e Akobundu, 1993).

Tabela 4.2: Desenho composto central para NaOH, variáveis e respostas

Runs	Independent variables		Dependent variables	
	A: Solvent concentration (M)	B: Time (min.)	*NB proteins (mg/mL)	AO proteins (mg/mL)
1	0.01	30	2.023	0.420
2	0.1	30	6.182	2.159
3	0.01	60	3.489	1.307
4	0.1	60	3.068	1.943
5	0.055	45	2.682	1.227
6	0.055	45	3.114	1.886
7	0.055	45	3.261	1.148
8	0.055	45	3.170	1.432
9	0.01	45	1.989	0.761
10	0.1	45	3.841	2.239
11	0.055	30	3.352	1.318
12	0.055	60	3.511	1.398
13	0.055	45	3.284	1.114
14	0.055	45	3.852	1.466
15	0.05	45	3.750	1.295
16	0.05	45	4.966	1.125

* NB = Nephrolepis biserrata; AO = Arthropteris orientalis

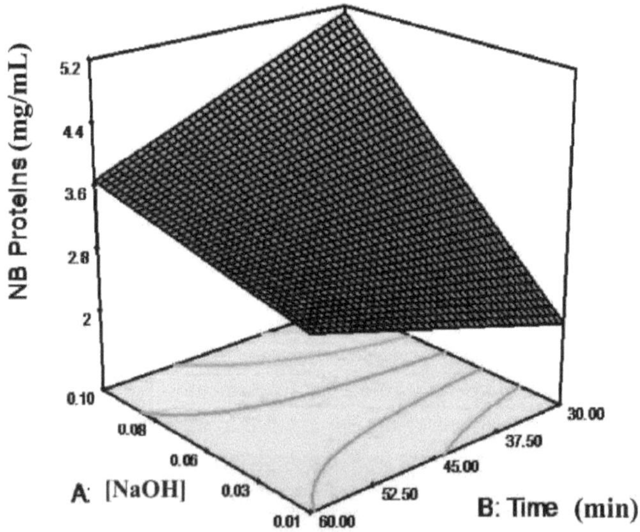

Figura 4.1: Gráfico de superfície de resposta para a quantidade de proteínas extraídas em função do tempo (min.) e da concentração da solução de NaOH (M) durante a extração de proteínas de Nephrolepis biserrata desengordurada

Uma vez que o aumento da concentração de NaOH e a diminuição do tempo de agitação resultaram numa elevada extração de proteínas, a gama de concentrações de NaOH foi aumentada com a diminuição do tempo de agitação, como se mostra nos quadros 3.4 e 4.3.

Tabela 4.3: Desenho composto central para uma extração óptima utilizando NaOH

Runs	Independent variables		Dependent variables	
	Solvent concentration (M)	Time (min.)	NB proteins (mg/mL)	AO proteins (mg/mL)
1	0.05	10	4.151	0.993
2	0.05	60	5.664	1.023
3	0.05	35	2.168	1.373
4	0.1	35	3.347	1.114
5	0.1	35	3.533	1.338
6	0.1	35	2.620	1.322
7	0.1	35	2.539	1.417
8	0.1	10	1.938	1.097
9	0.1	60	4.168	0.781
10	0.1	35	1.859	1.364
11	0.1	35	3.899	0.925
12	0.1	35	1.684	0.522
13	0.1	35	3.739	1.124
14	0.15	10	1.810	0.182
15	0.15	60	2.036	1.342
16	0.15	35	1.061	0.406

A partir da Figura 4.2, o aumento da concentração de NaOH de 0,01 M - 0,1 M para uma concentração de 0,05 M - 0,15 M e a diminuição do tempo de agitação de 30 min - 60 min para 10 min - 60 min não seguiram a tendência prevista inicialmente. Para a concentração de NaOH, a extração de proteínas de N. biserrata mostrou uma diminuição nas quantidades extraídas ao aumentar a concentração. Isto também foi observado num estudo de Wani et al. (2006), onde observou uma diminuição da proteína extraída da farinha de palmiste à medida que o NaOH aumentava de 0,3 % para 1,5 %.

Esta observação pode ser explicada porque a diminuição do tempo de agitação também afectou negativamente a extração de proteínas, uma vez que mais proteínas não foram solubilizadas na solução.

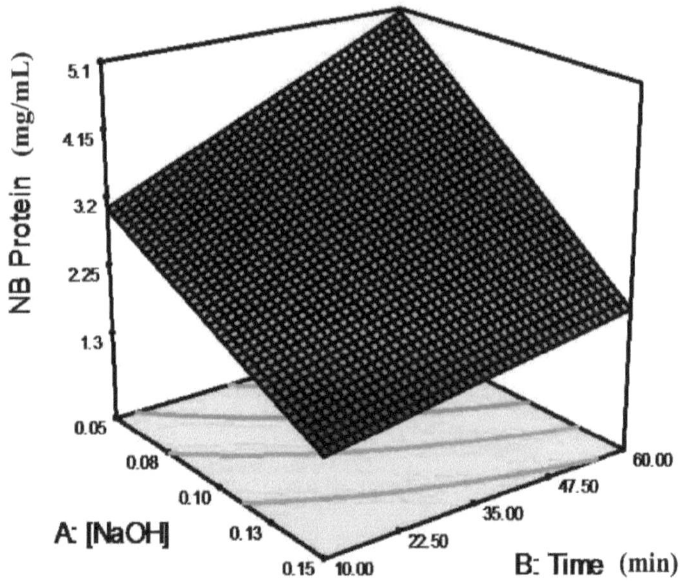

Figura 4.2: Gráfico de superfície de resposta para a quantidade de proteínas extraídas em função do tempo reduzido (min.) e do aumento da concentração da solução de NaOH (M) durante a extração de proteínas de Nephrolepis biserrata desengordurada

Foi observada uma tendência semelhante para as proteínas extraídas de A. orientalis utilizando NaOH como concentração de solvente em comparação com N. biserrata. Arifin et al. (2009) verificaram um aumento na recuperação de proteínas da farinha de palmiste com o aumento da concentração de NaOH.

Eromosele et al. (2008) verificaram que a proteína extraível do feijão de inhame africano diminuiu de 17,8 para 14,9% a 0,01 e 0,1 M de NaOH, respetivamente. Esta observação foi contrária à observada no presente estudo.

No entanto, não houve efeito do tempo na quantidade de proteína extraída, como mostra o gráfico de superfície de resposta do projeto experimental na Figura 4.3. Isto mostra que o tempo de agitação não é significativo na extração de proteínas de A. orientalis.

Por conseguinte, uma vez que era necessário um rendimento proteico elevado e uma concentração elevada de NaOH resultou num aumento da extração de proteínas, foi efectuado um estudo mais aprofundado sobre o efeito da concentração de NaOH em A. orientalis com a análise da superfície de resposta para determinar a condição óptima para extrair o máximo de proteínas. As variáveis independentes e os seus níveis são apresentados nos quadros 3.4, 3.5 e 4.3.

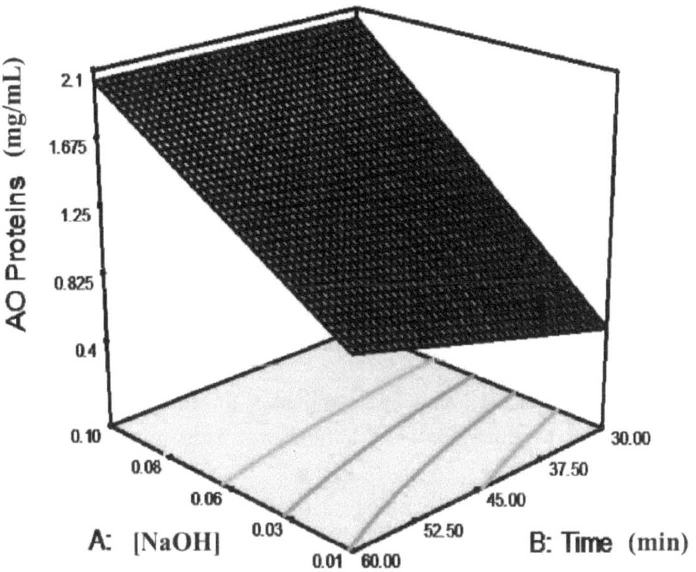

Figura 4.3: Gráfico de superfície de resposta para a quantidade de proteína extraída em função do tempo (min) e da concentração da solução de NaOH (M) durante a extração de proteínas de Arthropteris orientalis desengordurada

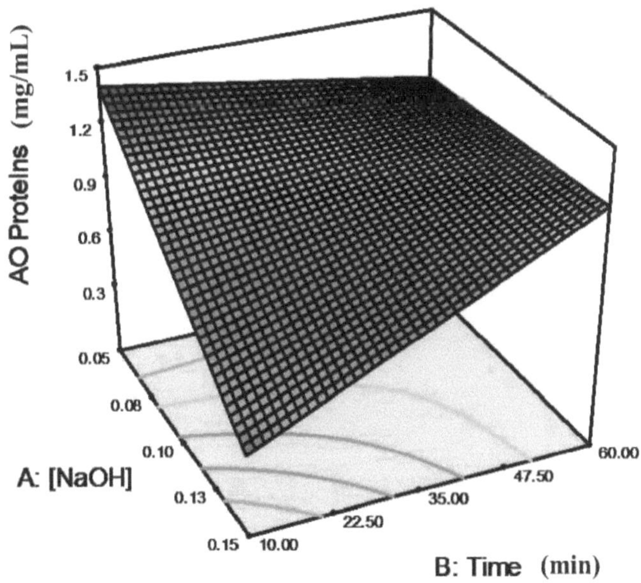

Figura 4.4: Gráfico da superfície de resposta para a quantidade de proteínas extraídas em função do tempo reduzido (min.) e do aumento da concentração da solução de NaOH (M) durante a extração de proteínas de Arthropteris orientalis desengordurada

A partir da Figura 4.4, observou-se um aumento da extração de proteínas quando a concentração de NaOH desceu abaixo de 0,08 M com um tempo de agitação inferior a 45 min.

Comparando esta observação com a anterior (Figura 4.3), observou-se que a quantidade de proteínas extraídas diminuiu de 2,24 mg/mL para 1,42 mg/mL quando a gama de concentrações de NaOH aumentou de 0,01 M 0,1 M (Tabela 3.1) para a gama de 0,05 M 0,15 M (Tabela 3.4).

4.3 Tratamento do alcoolismo

Foi estabelecida a relação entre o tempo e a concentração de proteínas extraídas através do tratamento com álcool.

A partir da Tabela 4.4, as variáveis independentes foram analisadas para prever o máximo de proteínas extraídas dentro de um determinado intervalo (Tabela 3.6). A Figura 4.5 mostra os valores das proteínas extraídas de Nephrolepis biserrata variando o tempo e a percentagem de etanol, mantendo a relação farinha/solvente constante a 0,5: 25 (p/v).

Tabela 4.4: Desenho composto central para etanol, variáveis e respostas

Runs	Independent variables		Dependent variables	
	A: Solvent concentration (%)	B: Time (min)	NB proteins (mg/mL)	AO proteins (mg/mL)
1	50	10	1.505	0.201
2	50	60	1.980	0.157
3	50	35	1.749	0.180
4	60	35	2.817	1.778
5	60	35	2.039	2.080
6	60	35	1.786	0.643
7	60	35	1.442	0.792
8	60	10	2.742	1.515
9	60	60	2.335	0.901
10	60	35	2.802	1.126
11	60	35	3.064	1.275
12	60	35	2.561	0.865
13	60	35	2.701	1.136
14	70	10	2.508	3.370
15	70	60	4.749	2.939
16	70	35	5.792	3.232

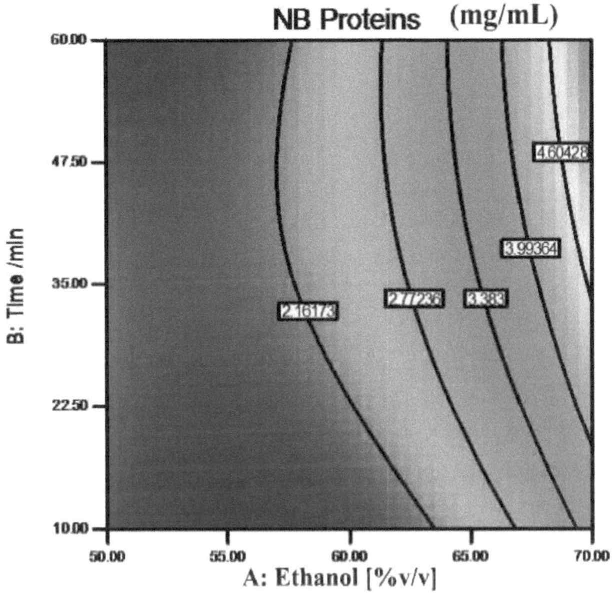

Figura 4.5: Efeito do tempo e da percentagem de etanol na quantidade de proteínas recuperadas de Nephrolepis biserrata

A variação do tempo e da percentagem de etanol revelou que foi obtida uma quantidade máxima de proteínas extraídas quando o tempo foi superior a 35 minutos e a percentagem de etanol foi de 70%.

Um aumento do tempo de agitação com uma concentração elevada de etanol aumentou a quantidade de proteínas extraídas.

A proteína máxima observada foi de 5,12 mg/mL e a condição mais favorável foi 53 min de agitação e 70% de concentração de etanol.

As condições óptimas para a recuperação da proteína extraída de Arthropteris orientalis foram 70% de etanol e um tempo de agitação de 10 minutos. Isto produziu 3,32 mg/mL de proteína extraída (Figura 4.6).

Isto revelou que o aumento da percentagem de etanol mostrou uma tendência crescente, no entanto, o aumento do tempo mostrou um efeito linear negativo na extração de proteínas. Hancock et al. (1990) observaram uma melhoria na qualidade das proteínas devido ao aumento da concentração de etanol durante a extração de flocos de soja sobreprocessados.

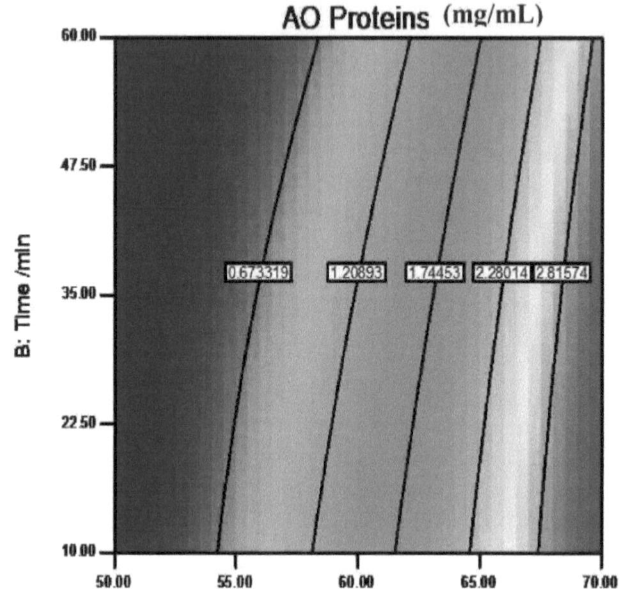

Figura 4.6: Efeito do tempo e da percentagem de etanol na quantidade de proteínas recuperadas de Arthropteris orientalis

4.4 Tratamento com soro fisiológico

A relação entre as variáveis e a quantidade de proteína extraída é apresentada nas Figuras 4.7 e 4.8 para N. biserrata e A. orientalis, respetivamente. A variação no tempo e na concentração de sal revelou uma quantidade máxima de proteína extraída de 0,83 mg/mL no tempo de 53 min de agitação e concentração de NaCl de 0,1 M (Figura 4.7). Houve um aumento na proteína extraída à medida que a concentração de NaCl aumentou de 0,01 M para 0,1 M. Isto foi significativamente diferente do observado na Figura 4.8 para Arthropteris orientalis, mas consistente com os relatados por Govardhan-Singh et al. (2011).

Embora a quantidade experimental de proteína extraída de N. biserrata varie de 0,32 mg/mL a 1,34 mg/mL (Tabela 4.5), não se observou qualquer efeito significativo na proteína extraída à medida que o tempo de agitação aumentou de 30 min para 60 min, mas à medida que a concentração de NaCl diminui, a quantidade de proteína extraída também diminui.

Tabela 4.5: Desenho composto central para NaCl, variáveis e respostas

Runs	Independent variables		Dependent variables	
	A: Solvent concentration (M)	B: Time (min.)	NB proteins (mg/mL)	AO proteins (mg/mL)
1	0.01	30	1.023	0.625
2	0.1	30	0.830	0.534
3	0.01	60	1.341	0.477
4	0.1	60	0.795	0.500
5	0.055	45	0.420	0.284
6	0.055	45	0.420	0.432
7	0.055	45	0.341	0.330
8	0.055	45	0.705	0.330
9	0.01	45	1.000	0.410
10	0.1	45	0.966	0.261
11	0.055	30	0.545	0.398
12	0.055	60	0.636	0.250
13	0.055	45	0.557	0.489
14	0.055	45	0.739	0.182
15	0.05	45	0.318	0.409
16	0.05	45	0.682	0.364

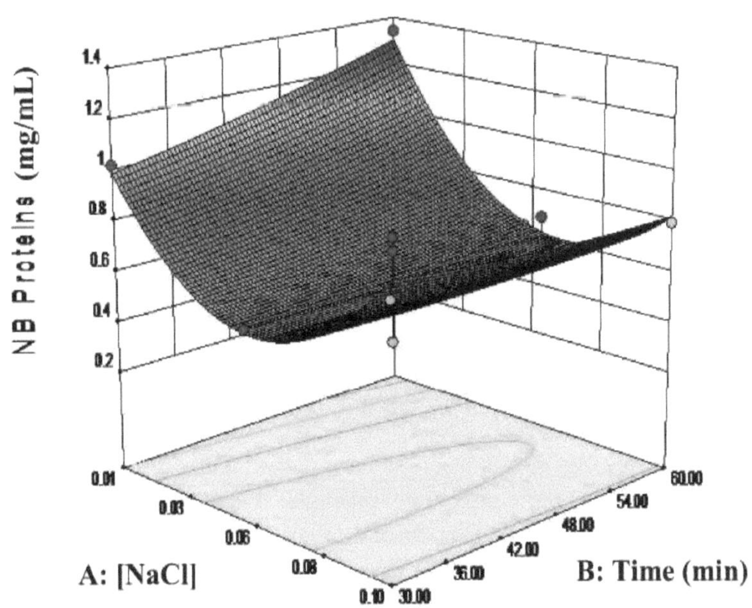

Figura 4.7: Gráfico de superfície de resposta para a quantidade de proteínas extraídas em função do tempo (min) e da concentração da solução de NaCl (M) durante a extração de proteínas de

Nephrolepis biserrata desengordurada

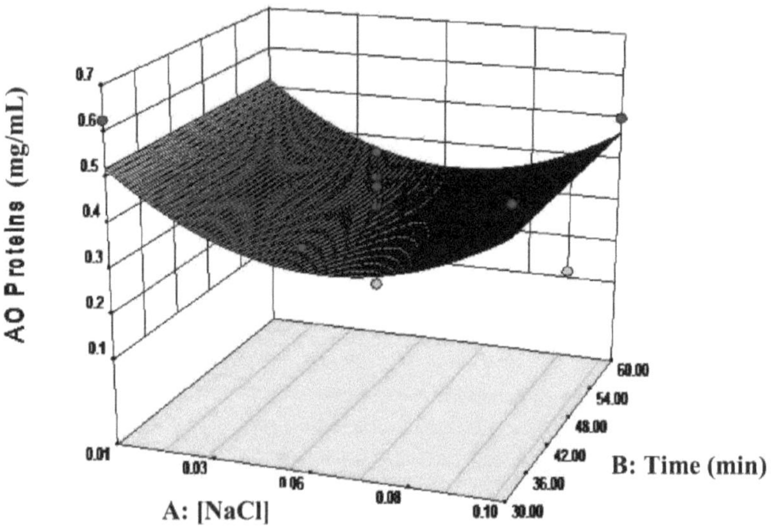

Figura 4.8: Gráfico de superfície de resposta para a quantidade de proteína extraída em função do tempo (min) e da concentração da solução de NaCl (M) durante a extração de proteínas de Arthropteris orientalis desengordurada

Quando a concentração de sal foi mantida a 0,10 M (Figura 4.8), foi observada uma quantidade máxima de proteína extraída de 0,47 mg/mL no tempo de 45 min. Os resultados também revelaram que, a uma concentração de NaCl de 0,01 M, foram extraídos 0,52 mg/mL de proteínas e, quando a concentração de sal foi aumentada de 0,01 M para 0,08 M, a quantidade de proteínas extraídas diminuiu para 0,35 mg/mL. Mas depois houve um aumento acentuado da quantidade de proteína extraída de 0,35 mg/mL para 0,45 mg/mL, atingindo um pico de 0,625 mg/mL. Este reflexo foi contrário ao estudo realizado por Govardhan-Singh et al. (2011), que observou um aumento consistente na capacidade de extração de proteínas (da farinha de sementes de moringa) de 37,74 % para 84,72 % entre 0,05 M e 0,75 M e uma diminuição gradual de 84,72 % para 71,21 % entre 0,75 M e 2,0 M. Este fenómeno pode ser explicado pelo facto de, a baixas concentrações de sal, a solubilidade da proteína aumentar ligeiramente (salga) (Arifin et al., 2009).

A concentrações elevadas de sal, a solubilidade das proteínas diminui drasticamente em resultado da salga e, por conseguinte, precipita. A razão é que, a concentrações elevadas de sal, a abundância de iões de sal diminui o poder de solvência dos iões de sal, diminuindo assim a solubilidade das proteínas e resultando em precipitação (Arifin et al., 2009).

O tempo de agitação para N. biserrata e A. orientalis em solução salina teve pouco ou nenhum efeito no resultado da otimização. Este resultado está de acordo com as conclusões de Thompson (1977) sobre as proteínas do feijão mungo, que refere que o tempo de extração não teve grande influência na capacidade de extração do azoto. Jyothirmayi et al. (2006) também referiram que a extração de proteínas aumentava até 35 minutos, após o que se mantinha constante.

4.5 Condições óptimas para a extração de farinha de feto desengordurada e verificação do modelo

Ao considerar todas as condições em resposta à quantidade de proteína recuperada de N. biserrata e A. orientalis (Tabela 4.6), foi evidente que NaOH e etanol registaram a maior recuperação de proteína para ambos os tipos de fetos. A A. orientalis registou a quantidade mais baixa de proteínas em todos os tratamentos, com um valor tão baixo como 0,47 mg/mL para o NaCl.

Tabela 4.6: Recuperação óptima de proteínas para ambos os tratamentos

Treatment	Optimum conditions		Maximum protein recovery	
	Concentration	Time (min.)	NB(mg/mL)	AO(mg/mL)
Alkaline (NaOH)	0.1 M	30	5.11	2.03
Alcohol (Ethanol)	70 %	53	5.12	3.02
Saline (NaCl)	0.1 M	53	0.83	0.47

Não houve precipitação de proteínas tanto para N. biserrata como para A. orientalis a pH extremo (pH de 1,8 e 13,8) para extração com etanol, mas observou-se uma elevada precipitação de proteínas para extração com NaOH utilizando sobrenadantes de N. biserrata e A. orientalis a uma gama de pH de 2,3 a 2,5. O pH dos sobrenadantes de NaOH e etanol antes da precipitação foi de 12,56 e 5,80 para N. biserrata e 12,60 e 5,70 para A. orientalis, respetivamente (quadro 4.7). A ausência de precipitação de proteínas após a adição de HCl concentrado ou 0,5 M ao extrato de etanol pode dever-se a poucos ou nenhuns vestígios de prolaminas em ambos os sobrenadantes de N. biserrata e A. orientalis. Isto deve-se ao facto de, num solvente menos polar como o etanol, as proteínas raramente serem visivelmente solúveis (por exemplo, prolaminas), embora as prolaminas sejam mais solúveis em álcoois.

Tabela 4.7: Medições de pH do extrato proteico de A. orientalis e N. biserrata

Solvent type	**Protein extract**	**pH of extract**	**Precipitated pH**
NaOH	*A. orientalis* extract	12.60	2.3 – 2.5
	N. biserrata extract	12.56	2.3 -2.5
Ethanol	*A. orientalis* extract	5.70	-
	N. biserrata extract	5.80	-

Ao comparar ambos os tratamentos, verificou-se que a condição de otimização das variáveis independentes (0,1 M e 30 min de agitação) para o tratamento alcalino foi a mais adequada para a extração de proteínas de N. biserrata e A. orientalis. Arifin et al. (2009) verificaram que 0,03 M era a concentração óptima de NaOH para a extração de proteínas da farinha de palmiste. Kongo-Dia-Moukala e Zhang (2011) também observaram que um tempo de 33 minutos era o ideal para a extração de proteínas do milho desengordurado.

A alteração da gama de variáveis independentes para o tratamento alcalino (Tabela 3.4) produziu uma recuperação de proteínas de 5,05 mg/mL e 1,13 mg/mL para N. biserrata e A. orientalis , respetivamente, com um tempo de 60 min e uma concentração de NaOH de 0,05 M.

Este valor foi bastante inferior ao apresentado na Tabela 4.6 com menos tempo de agitação. Observações semelhantes num estudo realizado por Beradi et al. (1967) e Martinez et al. (1967) mostraram que um tempo superior a 30 min não é importante para otimizar a extração de proteínas se o solvente de extração contiver iões suficientes para uma solubilidade máxima do azoto.

4.6 Ajuste do modelo

O estudo utilizou a RSM para desenvolver um modelo de previsão para otimizar a extração de proteínas da farinha de feto desengordurada (DFF). Os valores independentes e dependentes apresentados na Tabela 4.2 foram analisados para obter uma equação de regressão que pudesse prever as respostas dentro de um determinado intervalo. A equação de regressão para a extração de proteínas é a seguinte

Proteína extraída de N. biserrata (mg/mL) = 3,43 + 0,93A 0,25B -1,14 AB....(1)

Proteína extraída de A. orientalis (mg/mL) = 1,44 + 0,64A + 0,13B 0,28AB .(2)

Em que A é o valor codificado da variável concentração de NaOH; B é o valor codificado da variável tempo.

O gráfico dos valores experimentais da proteína extraída (mg/mL) versus os valores calculados a partir da Eq. 1 e da Eq. 2 indicou um bom ajuste, conforme apresentado no Apêndice 5.

As diferenças de cor no gráfico de ajuste indicaram o nível de proteína extraída, que representa a cor vermelha como a proteína extraída mais elevada, enquanto a cor azul representa a proteína extraída mais baixa. Os resultados da análise de variância (ANOVA) deram um coeficiente de determinação (R^2) de 0,90 e 0,92; R^2 ajustado de 0,88 e 0,90 para N. biserrata e A. orientalis, respetivamente. O Coeficiente de Determinação observado neste estudo foi semelhante ao registado por Badwaik et al. (2012) ao recuperar óleo de amendoim. Isto implica que 90% e 92% das variações podem ser explicadas pelo modelo ajustado, indicando a adequação do modelo aplicado, que é uma medida do grau de ajuste (Haber e Runyon, 1977). Joglekar e May

(1987) sugeriram que, para um modelo bem ajustado, R^2 deve ser de pelo menos 0,80. Por conseguinte, o modelo desenvolvido pode representar adequadamente a relação real entre os parâmetros selecionados. O valor F de N. biserrata para NaOH, NaCl e etanol foi de 43,33, 12,25 e 6,97, respetivamente, o que significa que o modelo sugerido foi significativo a um nível de probabilidade de 95%. A. orientalis registou um valor F de 49,44, 5,90 e 8,69 para NaOH, NaCl e etanol, respetivamente (apêndice 3).

4.7 Propriedades funcionais e caraterização da proteína de folhas de feto

4.7.1 Capacidade de retenção de água/óleo

As interações da água e do óleo com as proteínas são muito importantes nos sistemas alimentares devido aos seus efeitos no sabor e na textura dos alimentos (Kanu et al., 2007). A absorção de água depende de vários parâmetros, como o tamanho, a configuração, as caraterísticas conformacionais, o equilíbrio hidrofóbico e hidrofílico da proteína (Chavan et al., 2001).

A capacidade de retenção de água é um parâmetro de processamento importante e tem implicações na viscosidade, volume e consistência dos produtos, bem como em aplicações de panificação. A capacidade de uma matriz proteica, tal como partículas proteicas, géis proteicos ou músculo, para absorver e reter água contra a gravidade é conhecida como Capacidade de Retenção de Água (WHC).

Não houve diferença significativa entre as espécies de samambaia com relação à capacidade de retenção de água (Tabela 4.8), embora o isolado proteico de Arthropteris orientalis (2,39 mL/g de proteína) tenha mostrado uma melhor capacidade de retenção de água do que Nephrolepis biserrata (2,13 mL/g de proteína).

Segundo Kinsella (1979), um aumento da capacidade de retenção de água deve-se à capacidade de um isolado proteico inchar e desdobrar-se, expondo sítios de ligação adicionais, ao passo que os hidratos de carbono e outros componentes do concentrado proteico podem prejudicá-la. Este facto corrobora os pontos de vista de Bandyopadhyay e Ghosh (2002), que referem que o concentrado de proteínas apresenta uma fraca capacidade de retenção de água em comparação com a do isolado.

Quadro 4.8: Capacidade de retenção de água e óleo dos isolados proteicos de fetos desengordurados

Protein isolates	Water holding capacity (mL/g protein)	Oil holding capacity (mL/g protein)
Nephrolepis biserrata	2.13 ± 0.00^{a}	2.73 ± 0.23^{b}
Arthropteris orientalis	2.39 ± 0.23^{a}	2.93 ± 0.42^{b}

As médias dentro de cada coluna seguidas pelas mesmas letras não são significativamente diferentes (p>0,05)

Outro parâmetro importante que influencia a capacidade de retenção de água é o pH. O pH de um sistema influencia marcadamente a sua capacidade de ligação à água devido a alterações nas cargas de superfície de uma proteína à medida que o pH é alterado.

O aumento ou a diminuição do pH em relação ao ponto isoelétrico resultará num aumento da capacidade de retenção de água, criando um desequilíbrio de cargas. Bora e Ribeiro (2004) registaram a melhor absorção de água de 1,64 mL/g de isolado proteico de farinha de amêndoa de macadâmia (Macadamia integrofolia) desengordurada a um pH de 7,2, seguida de 1,55 mL/g de proteína a um pH de 12,0 e a menor de 1,02 mL/g de proteína a um pH de 2,0, em resultado da diferença conformacional na estrutura da proteína causada pelo pH do meio de extração. Estes valores foram inferiores aos observados no presente estudo a um pH de precipitação de 2,3 a 2,5.

Uma funcionalidade importante que influencia o sabor do produto e que é exigida em várias indústrias alimentares é a capacidade da proteína para absorver óleo. A capacidade de retenção de óleo da proteína de feto desengordurada foi de 2,73 mL/g e 2,93 mL/g para Nephrolepis biserrata e Arthropteris orientalis, respetivamente. Embora o isolado proteico de Arthropteris orientalis tenha apresentado uma maior capacidade de retenção de óleo do que o de Nephrolepis biserrata, não houve diferença significativa ($p<0,05$).

A capacidade de retenção de óleo do isolado seguiu a mesma tendência que a capacidade de retenção de água para Arthropteris orientalis e Nephrolepis biserrata (Tabela 4.8).

A capacidade de retenção de óleo para Nephrolepis biserrata e Arthropteris orientalis foi mais elevada do que a relatada por Bora e Ribeiro (2004), mas comparada favoravelmente com a relatada por El-Adawy (2000), que registou valores de absorção de óleo de 1,60 mL/g, 2,72 mL/g e 2,71 mL/g - 2,81 mL/g para isolados proteicos de fava, sementes de mostarda e sementes de tremoço, respetivamente.

4.6.1 Capacidade e estabilidade da espuma

A capacidade das proteínas para formar espumas estáveis com gás através da formação de películas proteicas impermeáveis é uma propriedade importante na produção de uma variedade de alimentos.

A capacidade de formação de espuma é influenciada pelas interações hidrofóbicas da proteína (Dia-Moukala e Zhang, 2011).

A capacidade de formação de espuma da proteína de feto desengordurada, como se mostra na Figura 4.9, dependeu do pH e verificou-se que era baixa a pH dentro da área do seu ponto isoelétrico (pH 28).

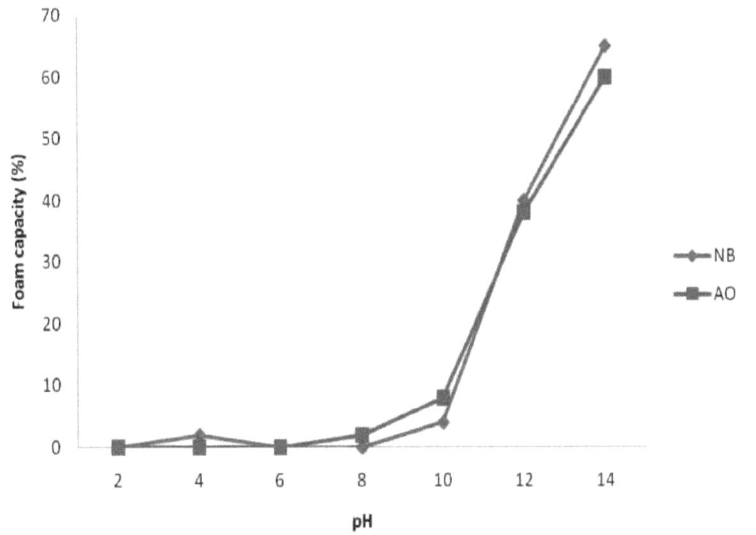

Figura 4.9: Capacidade de formação de espuma do isolado proteico de feto desengordurado em diferentes tratamentos de pH

A menor capacidade de formação de espuma pode ser atribuída principalmente à redução da flexibilidade molecular em resultado de ligações dissulfureto elevadas (Kim e Kinsella, 1987). A partir de pH 8, a capacidade de formação de espuma aumentou significativamente, mas mais elevada para Nephrolepis biserrata do que para Arthropteris orientalis. Foi observada uma capacidade de formação de espuma de 65% e 60% para Nephrolepis biserrata e Arthropteris orientalis, respetivamente, a pH 14. A maior capacidade de formação de espuma a este pH pode ser atribuída ao aumento das cargas líquidas na proteína, o que enfraqueceu as interações hidrofóbicas mas aumentou a flexibilidade da proteína. Isto permite que a proteína se difunda mais rapidamente para a interface ar-água para encapsular as partículas de ar (Wierenga e Gruppen, 2010; Aluko e Yada, 1995) e quanto mais facilmente for desnaturada aí, mais é capaz de espumar (Belitz et al., 2009). Kim e Kinsella (1987) também referiram que a redução das ligações dissulfureto aumentaria a flexibilidade molecular da proteína e resultaria na melhoria das suas propriedades de formação de espuma.

Para obter estabilidade da espuma (Figura 4.10), as moléculas de proteína devem formar polímeros intermoleculares contínuos que envolvam as bolhas de ar, uma vez que a coesão intermolecular e a elasticidade são importantes para produzir espumas estáveis (Kamara et al., 2009). Foi observada uma queda acentuada na estabilidade da espuma no espaço de 10 minutos para Nephrolepis biserrata e Arthropteris orientalis, mas foi mais estável para Arthropteris orientalis no intervalo de tempo de 20 min - 60 min.

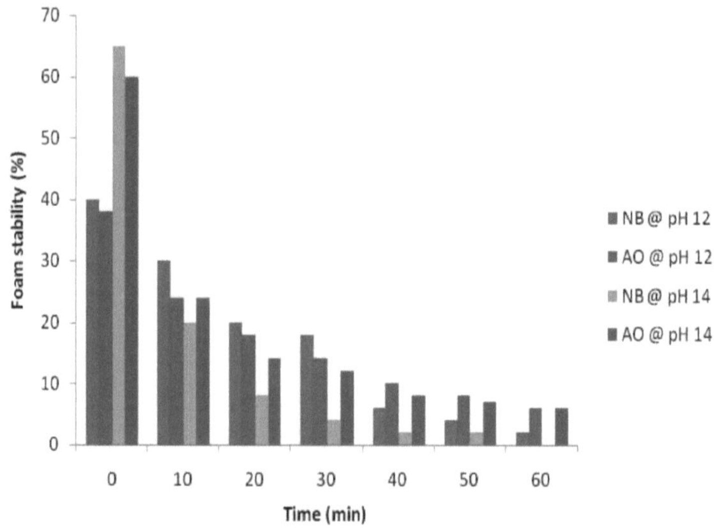

Figura 4.10: Estabilidade da espuma do isolado proteico de feto desengordurado a pH 12 e 14

4.6.2 Solubilidade das proteínas

A solubilidade é considerada o atributo funcional mais importante devido à sua contribuição para outras propriedades funcionais como a gelificação e a emulsificação (Sikorski, 1997). A forma geral das curvas de solubilidade (em forma de U) quando a solubilidade é plotada em relação ao pH (Hu et al., 2010; Sikorski, 1997) discorda da curva de solubilidade observada neste estudo, conforme ilustrado na Figura 4.11. Os isolados de Nephrolepis biserrata e Arthropteris orientalis apresentaram uma solubilidade mínima de 0,5% e 2,2%, respetivamente, a pH 2-4. Este valor é inferior aos pontos isoeléctricos (pI) relatados de pH 4-5,5 do isolado de proteína de sésamo (Kanu et al., 2007) e ao pH de solubilidade mínima da maioria dos isolados de proteína vegetal (Vani e Zayas, 1995). A baixa solubilidade a pH 2-4 observada neste estudo deveu-se ao ponto isoelétrico (pI) dos isolados proteicos de feto, uma vez que a esse pH não existe repulsão eletrostática entre as moléculas. Acima da região do pI, que se observou estar acima de pH 4, a solubilidade do isolado proteico de Arthropteris orientalis aumentou, mas < 45% entre pH 4-10. Dentro desse mesmo pH (4-10), o isolado proteico de Nephrolepis biserrata mostrou um perfil de solubilidade de até 55,9% em pH 8 e caiu para 52,1% em pH 10. O aumento observado na solubilidade da proteína depende do pH. Em valores de pH acima do pI dos isolados proteicos, as proteínas têm uma carga líquida (devido à repulsão dos iões positivos ou negativos) e a hidratação iónica promove a solubilização das proteínas.

Outros trabalhos de investigação observaram aumentos de solubilidade a valores de pH inferiores ou superiores ao pI de uma proteína. Este facto foi contrário ao observado no presente estudo, em que apenas se observou um aumento da solubilidade acima do pI da proteína do feto. A solubilidade foi baixa nos extremos do pH testado e a solubilidade máxima foi mostrada a pH 8 e 10 para Nephrolepis biserrata e Arthropteris orientalis, respetivamente. Este resultado não está de acordo com as observações efectuadas por Hu et al. (2010) e Tömösközi et al. (2008).

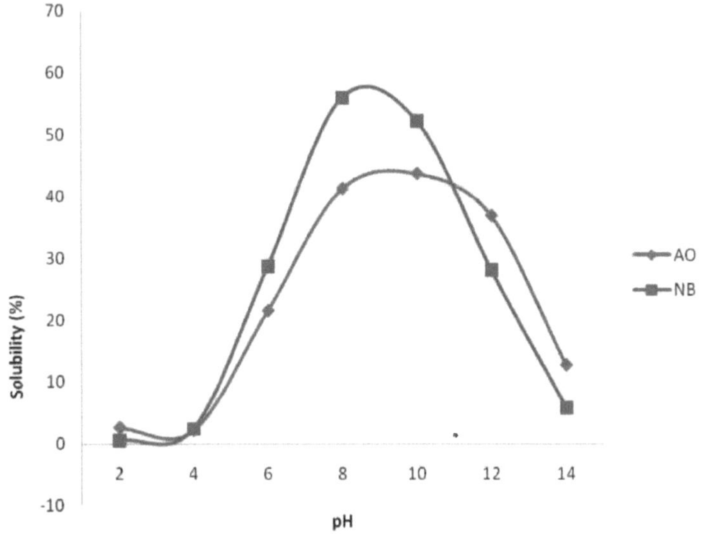

Figura 4.11: Solubilidade do isolado proteico de feto em vários níveis de pH

A diminuição da solubilidade acima de pH 8 e 10 pode dever-se à desnaturação das proteínas do feto a esse pH.

CAPÍTULO 5

5.0 CONCLUSÃO E RECOMENDAÇÃO

5.1 Conclusão

A produção de proteínas do feto desengordurado foi optimizada utilizando a Metodologia de Superfície de Resposta. Entre os métodos de tratamento utilizados, a proteína da samambaia desengordurada foi extraída com eficácia pelo método de tratamento alcalino. A extração de proteínas de ambos os tipos de fetos (Nephrolepis biserrata e Arthropteris orientalis) foi significativamente influenciada pela variação da concentração de NaOH e do tempo de agitação. A melhor condição para otimizar a extração de proteínas de Nephrolepis biserrata e Arthropteris orientalis foi 0,1 M de NaOH e um tempo de agitação de 30 minutos. A recuperação de proteínas do tipo de feto Nephrolepis biserrata foi de 5,11 mg/mL, cerca de duas vezes mais do que os valores obtidos para a Arthropteris orientalis (2,03 mg/mL).

Os isolados proteicos de feto mostraram boas propriedades funcionais que confirmaram que o procedimento utilizado na sua produção era suficientemente bom e que poderiam ser utilizados na suplementação proteica em vários sistemas alimentares, particularmente nos países em desenvolvimento onde as deficiências proteicas continuam a ser um grande problema de saúde para as crianças.

5.2 Recomendação

Com base nas conclusões do estudo, são recomendadas as seguintes medidas

1. Devem ser realizados mais estudos para determinar por que razão a utilização de HCl concentrado em vez de HCl 0,5 M produziu uma boa propriedade funcional, mas não desnaturou as proteínas, uma vez que se sabe que isto afecta a solubilidade.
2. As propriedades funcionais do isolado proteico de feto devem ser estudadas em sistemas alimentares reais para encontrar a utilização óptima do feto ou dos seus componentes.
3. A fim de determinar a qualidade do isolado proteico de feto, recomenda-se que sejam efectuados mais estudos sobre o perfil de aminoácidos dos dois tipos de feto e também sobre a análise da digestibilidade das proteínas.

BIBLIOGRAFIA

Aberoumand, A. e Deokule, S. S. (2010). Análise da composição e avaliação do valor nutricional de Polly dwarf, um nicho vegetal emergente. Revista eletrónica de química ambiental, agrícola e alimentar, 9 (4): 790-795

Aberoumand, A. e Deokule, S. S. (2008). A Comparison of compounds of some edible plants of Iran and India (Comparação de compostos de algumas plantas comestíveis do Irão e da Índia), Pakistan Journal of Nutrition. 7 (4):582-585

Abu-Tarboush, H. M. (1995). Factores que afectam a capacidade de extração de

proteínas da farinha de sementes desengorduradas de Karkade (Hibiscus sabdariffa). Journal of King Saud University, vol. 7, Agricultural Science (2), pp. 179-186.
Abuye, C., Urga K., Knapp, H., Selmar D., Omwega, A., Imungi, J. e Winterhalter, P. (2003). A survey of wild, green, leafy vegetables and their potential in combating micronutrient deficiencies in rural populations, East Africa Medcinal Journal, 80: 247-252.
Ahmedna, M., Prinyawiwatkul, W. e Rao, R. M. (1999). Isolado proteico de trigo solubilizado: Propriedades funcionais e potenciais aplicações alimentares. Journal of Agriculture. Food Chemistry, 47:1340-1345.
Akubugwo, I. E., Obasi, N. A., Chinyere, G. C. e Ugbogu, A. E. (2007). Valor nutricional e químico das folhas de Amaranthus hybridus L. da Nigéria, Africa Journal of Biotechnology. 6 (24), 2833-2839.
Allen, R. A. (1999). Fetos. Herbarium Intern.
Aluko, R. E. e Yada, R. Y. (1995). Relações estrutura-função do isolado de globulina de feijão-frade (Vigna unguiculata): Influência do pH e do NaCl nas propriedades físico-químicas e funcionais. Food Chemistry. 53: 259-265
Alzagtat, A. A. e Alli, I. (2002). Interações proteína-lípido em sistemas alimentares: uma revisão. Jornal Internacional de Ciências Alimentares e Nutrição 53 (3), 249-260.
AOAC (2005). Official Methods of Analysis of the Association of Official Analytical Chemist. 18th edn., Horwitz William Publication, Washington, DC, EUA.
AOAC (1995). Official Method of Analysis. 16th edn., Association of Official Analytical Chemists, Washington, DC.
Arifin, B., Bono, A., Farm, Y. Y., Ling, A. L. L. e Fui, S.Y. (2009). Extração de proteínas da farinha de palmiste. Journal of Applied Sciences, 9: 29963004.
Arnett, T. R. e Spowage, M. (1996). Modulação da atividade de reabsorção dos osteoclastos de rato por pequenas alterações no pH extracelular perto da gama fisiológica. Bone 18, 277-279.
Arntfield, S. D. (2004). Proteínas de plantas produtoras de óleo. In: Yada, R. Y., Proteins in food processing. Boca Raton Boston. Nova Iorque, Washington, DC. pp 146-175.
Arntfield, S. D. (1996). Efeito de catiões divalentes, ácido fítico e compostos fenólicos na gelificação de ovalbumina e proteína de canola. In: Macromolecular Interactions in Food Technology, Washington DC, America Chemistry Society, 82-92.
Arosa, M. L., Ramos, J. A., Valkenburg, T., Ceia, R., Laborda, H., Quintanilla, L. G. e Heleno, R. (2009). Alimentação de fetos pelo priolo dos Açores. Ardeola 56(1).
Aruna, V. e Parakash, V. (1993). Propriedades funcionais das proteínas totais das sementes de flor-de-sol (Helianthus annuus L.). Efeito de tratamentos físicos e químicos. Journal of Agriculturae, Food Chemistry, 41: 18-23.
Babayemi, O. J., Bamidole, M. A e Omojola, A. B. (2006). Avaliação do valor nutritivo

e da ingestão de duas ervas daninhas aquáticas (Neprolepis biserrata e Spirodela polyriza) por cabras anãs da África Ocidental. Agroecossistemas tropicais e subtropicais, año/vol. 6, número 001, Universidad Autónoma de Yucatán, Yucatán, México. Pp. 15-21

Badwaik, L. S., Prasad, K. e Deka, S. C. (2012). Otimização da extração condições por metodologia de superfície de resposta para a preparação de amendoim parcialmente desengordurado. International Food Research Journal 19(1): 341-346.

Bagnall, L. O., Shriley, R. I. e Hentages, J. F. (1973). Processamento, composição química e valor nutritivo de ervas daninhas aquáticas. Publicação nº 25. Centro de Recursos Hídricos. Universidade da Florida, Gainsvills Florida.

Bandyopadhyay, K. e Ghosh, S. (2002). Preparação e caraterização de isolados proteicos de sésamo (Sesamum indicum L.) modificados com papaína. Journal of Agriculture, Food Chemistry. 50: 6854-6857.

Barzel, U. S. e Massey, L. K. (1998). O excesso de proteínas na dieta pode afetar negativamente os ossos. Journal of Nutrition 128, 1051-1053.

Barzel, U. S. (1976). Equilíbrio ácido-base em distúrbios do metabolismo do cálcio. New York State, Journal of Medicine 76, 234-237.

Batista, I. (1999). Recuperação de proteínas de resíduos de peixe por extração alcalina. Investigação e Tecnologia Alimentar Europeia, 210: 84-89.

Belitz, H. D., Grosch, W. e Schieberle, P. (2009). Food Chemistry. 4th edn revista e alargada. Heidelberg, Alemanha. Pp 62-63.

Benjamin, A. e Manickam, V. S. (2007). Medicinal Pteridophytes from the Western Ghats. Indian Journal of Traditional Knowledge. 6:611 618.

Beradi, L. C., Martinez, W. H., Fernandez, D. J. e Gazee, B. B. (1967). Extração de constituintes azotados de sementes de algodão. In: Resumos de trabalhos. 154th meeting, Chicago: Sociedade Americana de Química.

Betschart, A. A., Fong, R. Y. e Hanamoto, M. M. (1979). Isolados proteicos de cártamo: propriedades funcionais em sistemas simples e pães. Journal of Food Science. 44, 1021-1025.

Bland, J. M., e Lax, A. R. (2000). Isolamento e caraterização de uma proteína associada à maturidade do amendoim. Journal of Agriculture, Food Chemistry. 48, 32753279.

Bora, P. S. e Ribeiro, D. (2004). Influência do pH no rendimento da extração e nas propriedades funcionais de isolados proteicos de Macadâmia (Macadamia integrofolia). Food Science and Technology Int. 10: 263-267.

Bradford, M. M. (1976). Um método rápido e sensível para a quantificação de quantidades de microgramas de proteína utilizando o princípio da ligação proteína-corante. Analytical Biochemistry. 72:248-254

Bradley, N. (2007). A Metodologia de Superfície de Resposta. Dissertação de Mestrado. Tese, Universidade de Indiana, South Bend

Burlingame, B. (2000). Comparação de lípidos totais, ácidos gordos, açúcares e ácidos orgânicos não voláteis em frutos secos de espécies de Castanea. Journal of Food Comp. Anal., 13: 99-100.

Cai, Y., Luo, Q., Sun, M. e Corke, H. (2004). Atividade antioxidante e compostos fenólicos de 112 plantas medicinais tradicionais chinesas associadas à luta contra o cancro. Life Science, 74:2157 2184.

Cai, T., Chang, K. C. e Lunde, H. (1996). Propriedades físico-químicas e rendimentos de hidrolisados enzimáticos de proteína de girassol afectados pela enzima e pela farinha de girassol desengordurada. Journal of Agriculture. Food Chemistry. 44, 35003506.

Campbell, W. W., Barton Jr., M. L., Cyr-Campbell, D., Davey, S. L., Beard, J. L., Parise, G. e Evans, W. J. (1999). Effects of an omnivorous diet compared with a lactoovovegetarian diet on resistance-training-induced changes in body composition and skeletal muscle in older men. American Journal of Clinical Nutrition 70, 1032-1039.

Cao, Q. M., Zhong, H. Y., Li, Z. H. e Sun, C. B. (2007). Investigação sobre as propriedades da pasta de amido de Pteridium aquilinum. Ciência e Tecnologia Alimentar, 11, 36 39.

Carcea, M. e Schofield, J. D. (1996). Protein-lipid interactions in wheat gluten: reassessment of the occurrence of lipid-mediated aggregation of protein in the gliadin fraction. Journal of Cereal Science 24 (2), 101-113.

Cepeda, E., Villaran, M. C. e Aranguiz, N. (1998). Propriedades funcionais da farinha proteica de fava seca por spray drying e liofilização. Journal of Food Engineering. 36, 303 310.

Chapman, A. D. (2009). Números de espécies vivas na Austrália e no mundo. Relatório para o Australian Biological Resources Study. Camberra, Austrália. http://www.environment.gov.au/biodiversity/abrs/publications/other/species-numbers/index.html.

Chavan, U. D., McKenzie, D. B. e Shahidi, F. (2001). Classificação proteica da ervilha-da-praia. In: Influência do pH no rendimento da extração e nas propriedades funcionais dos isolados proteicos de Macadamia (Macadamia integrofolia). Food Science and Technology Int. 10: 263-267.

Chen, M. e Rohani, S. (1992). Recuperação de proteínas de farinha de canola por precipitação. Biotech. Bioeng. 40, 63-68.

Chen, X. Q. (1990). Chinese Plant Records, Science and Technology Press, Beijing, pp. 240-245.

Cobb, B. A. (1975). Guia de Campo dos fetos e suas famílias afins: Nordeste e Centro. América do Norte. Nova Iorque: Houghton Mifflin Company.

Copeland, E. B. (1942). Fetos comestíveis. American Fern Journal. 32:121 126.

Cornelissen, J. H. C., Quested, H. M., Gwynnjones, D., Van Logtestijn, R. S. P., De Beus, M. A. H., Kondratchuk, A., Callaghan, T. V. e Aerts, R. (2004). Leaf digestibility and litter decomposability are related in a wide range of subarctic plant species and types. Functional Ecology, 18: 779-786.

Crouse, J. R., Morgan, T., Terry, J. G., Ellis, J., Vintolins, M. e Burke, G. L. (1999). A randomized trial comparing the effect of casein with that of soy protein containing varying amounts of isoflavones on plasma concentrations of lipids and lipoproteins. Archives of Internal Medicine 159, 2070-2076

Damodaran, S. (1996). Propriedades funcionais, em Nakai S e Modler H W, Food Proteins. Properties and Characterization, Nova Iorque, VCH, 167-234.

Dawson-Hughes, B. (2003). Cálcio e proteínas na saúde óssea. Proclamações da Sociedade de Nutrição 62: 505-509.

Dawson-Hughes, B. e Harris, S. S. (2002). A ingestão de cálcio influencia a associação da ingestão de proteínas com as taxas de perda óssea em homens e mulheres idosos. American Journal of Clinical Nutrition 75, 773-779.

Dench, J. E., Rivas, N. e Caygill, J. C. (1981). Propriedades funcionais selecionadas do Sésamo (Sesamum indicum L.). Farinha e dois isolados proteicos. Journal of Food Science and Agriculture. 32: 557-564.

Deng, Q. Y., Barefoot, R. R., Diosady, L. L. Rubin, L. J. e Tzeng, Y. M. (1990). Lysinoalanine concentrations in rapeseed protein meals and isolates (Concentrações de lisinoalanina em farinhas e isolados de proteína de colza). Can Institute of Food Science and Technology Journal. 23, 140-142.

Perito em design (2007). Stat Ease Inc., Hennepin Square, Suite 480, 2021E. Hennepin Ave., Minneapolis, MN55413-2726.

Dickinson, E. (1998). Stability and rheological implications of electrostatic milk protein-polysaccharide interactions (Estabilidade e implicações reológicas das interações electrostáticas proteína-polissacarídeo do leite). Trends in Food Science and Technology 9, 347-354.

Dia-Moukala, J. U. K. e Zhang, H. (2011). Extração de Proteína de Milho Desengordurada: Otimização por Metodologia de Superfície de Resposta e Propriedades Funcionais. Jornal Americano de Tecnologia Alimentar, 6: 870-881.

Diaz, M. (1994). Variabilidade no tamanho das sementes por passeriformes granívoros: efeitos do tamanho da ave, variabilidade do tamanho da ave e plasticidade ecológica. Oecologia, 99: 1-6.

Diniz, F. M. e Martin, A. M. (1997). Efeitos da extensão da hidrólise enzimática sobre as propriedades funcionais do hidrolisado de proteína de tubarão. Lebensmittel-Wissenschaft und-Technology, 30: 266-272.

Eke, O. S. e Akobundu, E. N. T. (1993). Propriedades funcionais da farinha de sementes de inhame africano (Sphenostylis stenocarpa) afectadas pela transformação. Food Chemistry. 48: 337 340.

Ekop, A. S. (2007). Determinação da composição química das sementes de Gnetum africana (AFANG). In: Comparação do valor nutritivo, actividades antioxidantes e antibacterianas de Sonchus asper e Sonchus oleraceus. Rec. Nat. Prod. 5: 1(2011) 29-42.

El-Adawy, T. A. (2000). Propriedades funcionais e qualidade nutricional do isolado proteico de feijão mungo acetilado e succinilado. Food Chemistry 70: 83 91.

El-Tinay, A., Nour, A. M., Abdel-Karim, S. H. e Mahgoub, S. O. (1988). Extração aquosa de proteínas e gossipol da farinha de sementes de algodão com glândulas: factores que afectam a extração de proteínas. Química alimentar, 29: 57-63.

Enciclopédia Britânica (2011). Encyclopedia Britannica, Edição Académica Online. http://www.britannica.com/EBchecked/topic/204819/fern. Acedido em 21stNovember, 2011.

Eromosele, C. O., Arogundade, L. A., Eromosele, I. C. e Ademuyiwa O. (2008). Extractabilidade da proteína do feijão de inhame africano sphenostylis stenocarpa em sal ácido e meio aquoso alcalino. Journal of Food Hydrocolloid. 22: 622-628

FAO (1978). China Azolla propagação e tecnologia de biogás em pequena escala. FAO Soils Bull. 41:120.

Faruq, U., Sani, A. e Hassan, L. (2000). Composição e distribuição da beladona mortal. Jornal Nigeriano. Basic Applied Science. 11: 157-164.

Fernández, H., Bertrand, A. M. e Sánchez-Tamés, R. (1999). Aspectos biológicos e nutricionais envolvidos na multiplicação dos fetos. In: Interação entre sacarose e pH durante o cultivo in vitro de Nephrolepis biserrata (Sw.) Schott (Pteridophyta). Ata bot. bras. 18(4): 809-813.

Ferreira, T. A. e Rasband, W. (2011). O guia do utilizador do imageJ (Ver) IJ 1.45, pp 129-137. http://rsbweb.nih.gov/ij/docs/guide. (Data de acesso: 09 de outubro de 2012).

Feskanich, D., Willett, W. C., Stampfer, M. J. e Colditz, G. A. (1996). Protein consumption and bone fractures in women (Consumo de proteínas e fracturas ósseas em mulheres). American Journal of Epidemiology 143 472-479.

Organização das Nações Unidas para a Alimentação e a Agricultura/Organização Mundial de Saúde (1990). Protein quality evaluation; report of the joint FAO/WHO expert consultation. FAO Food and Nutrition Paper 52, Roma, Itália.

Geshian, S., Dai- X. e Zhi-Bao, S. (1980). Tolerância ao sal de Azolla filiculoides e seus efeitos sobre o crescimento do arroz em Xinwei Haitu. Zhejiang Nongye Kexue 1: 17-24.

Gill, T. A. e Tung, M. A. (1976). Gelificação induzida termicamente da glicoproteína 12S de colza. Journal of Food Science, 43: 1481-1485.

Glicksman, M. (1991). Hidrocolóides e a busca do "Graal oleoso". Tecnologia alimentar; 48(2): 142-152.

Govardhan-Singh, R. S., Ogunsina, B. S. e Radha, C. (2011). Extractabilidade de proteínas da farinha de sementes de moringa oleifera Lam. desengordurada. Ife Journal of Science vol. 13 (1):121-127

Haber, A. e Runyon, R. (1977). General Statistics. 3ª Edn. Addison-Wesley, Boston.

Haller, W. T., Sutton, D. D. e Barlowe, W. C. (1974). Efeitos da salinidade no crescimento de várias macrófitas aquáticas. In: Propagação, taxonomia e caraterísticas ecofisiológicas da simbiose Azolla-Anabaena em habitats de água doce da província de Beni-Suef (Egito). Jornal Egípcio de Biologia. Vol. 9: 1-12.

Ham, S. S. (2004). Wild vegetables: anticancer & healthy life. Human & Books, Seul, p. 20.

Hang, Y. D., Steinkraus, K. H. e Hackler, B. R. (1970). Comparative studies on the nitrogen solubility of mung beans, pea beans and red kidney beans. Journal of Food Science, 35: 318-322

Hannan, M. T., Tucker, K. L., Dawson-Hughes, B., Cupples, L. A., Felson, D. T. e Kiel, D. P. (2000). Effect of dietary protein on bone loss in elderly men and women (Efeito da proteína alimentar na perda óssea em homens e mulheres idosos): The Framingham Osteoporosis Study. Journal of Bone Mineral Research 15: 2504-2512.

Herz-Alla, N. A. (1991). Alguns estudos sobre a propagação de Azolla no Egito. Tese de doutoramento, Universidade de Zagazig (Benha Branch), Egito.

Hill, P. A. e Lucas, P. W. (1996). Toughness and Fibre Content of Major Leaf Foods of Japanese Macaques (Macaca fuscata yakui) in Yakushima. American Journal of Primatology, 38: 221-231.

Hoffman, J. R. e Falvo, M. J. (2004). Protein-Which is best? Journal of Sports Science and Medicine. 3:118-130

Howell, N. K, Herman, H. e Li-Chan, E. C. Y. (2001). Elucidação das interações proteína-lípido num sistema lisozima-óleo de milho por espetroscopia Raman com transformada de Fourier. Journal of Agriculture. Food Chemistry. 49 (3), 1529-1533.

Hu, X. Z., Cheng, Y. Q., Fan, J. F., Lu, Z. H., Yamaki, K. e Li, L.-T. (2010). Efeitos do método de secagem nas propriedades físico-químicas e funcionais dos isolados de proteína de soja. Journal of Food Processing and Preservation 34: 520-540.

Hutchins, N. R. (2006). Dieta, nutrição e sucesso reprodutivo de alces Roosevelt em florestas geridas na península olímpica, Washington. Dissertação de Mestrado. Tese de Mestrado. Universidade Estadual de Humboldt.

Inyang, U. E. e Iduh, A. O. (1996). Influência do pH e da concentração de sal na solubilidade da proteína, propriedades emulsionantes e de formação de espuma do concentrado proteico de sésamo. Jornal da Sociedade Americana de Química do Petróleo, 73: 1663-1667.

Jauricque, U. K.-D.-M. e Hui, Z. (2011). Extração de Proteína de Milho Desengordurada: Otimização por Metodologia de Superfície de Resposta e Propriedades Funcionais. Jornal Americano de Tecnologia Alimentar, 6: 870-881.

Joglekar, A. M. e May, A. T. (1987). Product excellence through design of experiments. Cereal Food World, 32: 857-868.

Jones, D. (1987). Enciclopédia dos Fetos. Vol. 1. Portland, OR: Timber Press.< ahref="http://science.jrank.org/pages/2689/Ferns-Importance- humans.html">Ferns-

Importance To Humans</a> (acedido em 26 de fevereiro de 2012)
Jones, O. L. (1987). Encyclopedia of ferns: Uma introdução aos fetos, sua estrutura, biologia, importância económica, cultivo e propagação. British Museum, 2: 12-22.
Jung, S., Murphy, P. A. e Johnson, L. A. (2005). Propriedades físico-químicas e funcionais de substratos de proteína de soja modificados por baixos níveis de hidrólise de protease. Journal of Food Science, 70: 180-187.
Jyothirmayi, T., Prabhakara Rao, P. G. e Walde, S. G. (2006). Extractabilidade do azoto e propriedades funcionais da farinha de eritrina variegada desengordurada. Food chemistry. 96:242- 247
Kachik, F., Mudlagiri, B. G., Gary, R. B., Joanne, H., Lusby, W. R., Maria, D. T. e Barrera, M. R. (1992). Efeitos da preparação dos alimentos na distribuição qualitativa e quantitativa dos principais carotenóides constituintes do tomate e de vários vegetais verdes. Journal of Agriculture. Food Chemistry. 40: 390398.
Kalapathy, U., Hettiarachchy, N. S. e Rhee, K.C. (1997). Efeito dos métodos de secagem nas propriedades moleculares e funcionalidades das proteínas de soja cortadas por ligações dissulfureto. Journal of American Oil Chemistry Society. 74: 195 199.
Kamara, M. T., Zhu, K., Amadou, I., Tarawalie, F. e Zhou, H. (2009). Funcionalidade, digestibilidade in vitro e propriedades físico-químicas de duas variedades de concentrados proteicos de painço de rabo de raposa desengordurado. Jornal Internacional de Ciência Molecular, 10: 5224-5238
Kanu, P. J., Kerui, Z., Ming, Z. H., Haifeng, Q., Kanu, J. B. e Kexue, Z. (2007). Propriedades funcionais do isolado proteico de Sésamo (Sesamum indicum L.) influenciadas pelo pH, temperatura, tempo e rácio de farinha para água durante a sua produção. Asian Journal of Biochemistry 2 (5): 289-301.
Karki, B., Lamsal, B. P., Grewell, D., Pometto, A. L., Van Leeuwen, J. S., Khanal, K. e Jung, S. (2009). Propriedades funcionais de isolados de proteína de soja produzidos a partir de flocos de soja defatted ultrasonicated. Jornal da Sociedade Americana de Química do Óleo. 86: 1021-1028.
Kari, P. R. (1987). Tanaina Plantlore, Denaina K'et' una: An Ethnobotany of the Denáina Indians of Southcentral Alaska. Serviço de Parques Nacionais, Região do Alasca, Anchorage.
Karim, A. A. e Bhat, R. (2008). Alternativas à gelatina para a indústria alimentar: desenvolvimentos recentes, desafios e perspectivas. Tendências em Ciência e Tecnologia Alimentar. 19:644 56.
Katsube, T., Imawaka, N., Kawano, Y., Yamazaki, Y., Shiwaku, K. e Yamane, Y. (2006). Antioxidante flavonol glicosídeos em folhas de amoreira (Morus alba L.) isolados com base na atividade antioxidante LDL. Food Chemistry. 97:25 31.
Khalid, E. K., Babiker, E. e El Tinay, A. H. (2003). Solubilidade e propriedades funcionais das proteínas de sementes de sésamo influenciadas pelo pH e/ou concentração de sal. Food Chemistry. 82: 361-366.

Kidmose, U., Yang, R. Y., Thilsted, S. H., Christensen, L. P. e Brandt, K. (2005). Content of carotenoids in commonly consumed Asian vegetables and stability and extractability during frying. Journal of Food Composition and Analysis. 19: 562-571.

Kim, S. H. e Kinsella, J. E. (1987). Propriedades de superfície ativa das proteínas alimentares: Efeitos da redução das ligações dissulfureto nas propriedades da película e na estabilidade da espuma de glicinina. Journal of Food Science. 52: 128 135.

Kinsella, J. E. (1979). Propriedades funcionais das proteínas de soja. Journal of American Oil Chemistry Society. 56: 242-246.

Klockeman, D. M., Toledo, R. e Sims, K. (1997). Isolamento e caraterização da proteína da farinha de canola desengordurada. Journal of Agriculture, Food Chemistry. 45: 3867-3870.

Kohnhorst, A. L. e Mangino, M. E. (1985). Previsão da força dos géis de proteína de soro de leite com base na composição. Journal of Food Science. 50: 1403-1405.

Kokkinidou, A. (2011). Exposição ao arsénio nos parques infantis? Plantar fetos! http://www. brighthub.com/ engineering/ civil/ articles/ 117974.aspx (Acedido em 5/12/2011)

Kramer, K. U. (1990). "Davalliaceae". In: As Famílias e Géneros de Plantas Vasculares. Vol. 1. Springer-verlag: Berlim; Heidelberg, Alemanha.

Kumagai, H., Ishida, S., Koizumi, A., Sakurai, H. e H. Kumagai (2002). Preparação de globulinas de soja desamidadas com remoção de fitatos por permutadores de iões e caraterização da sua capacidade de ligação ao cálcio. Journal of Agriculture, Food Chemistry 50: 172-176.

Laemmli, U. K. (1970). Clivagem de proteínas estruturais durante a montagem da cabeça do bacteriófago T4. Nature 227, 680-685.

Leâger, L. W. e Arntfield, S. D. (1993). Gelificação térmica de 12S globuli de canola. Journal of American Oil Chemistry Society. 70: 853 861.

Lee, C. H. e Shin, S. L. (2011). Actividades funcionais dos fetos para a saúde humana. Korean J. Pant Res. 24:347-359.

Lee, S. O., Lee, H. J., Yu, M. H., Im, H. G. e Lee, I. S. (2005). Conteúdo total de polifenóis e actividades antioxidantes de extractos de metanol de vegetais produzidos na Ilha de Ullung. Jornal Coreano de Ciência e Tecnologia Alimentar. 37:233 240

Li-Chan, E. C. Y. e Qin, L. (1998). The application of Raman spectroscopy to the structural analysis of food protein networks", em Sessa D J e Willett J L, Paradigm for Successful Utilization of Renewable Resources, Champaign, AOCS Press, 123-139.

Li-Chan, E. C. Y. (1996). Separação e purificação. Em Nakai, S. e Modler, H. W., Food proteins. Properties and characterization, Nova Iorque, VCH, 429-503.

Liu, K. (1997). Certas propriedades funcionais da farinha de semente de abóbora. Alimentos vegetais Nutrição humana. 42: 257-273.

Lopez, G., Flores, I., Galvez, A., Quirasco, M. e Farres, A. (2003). Desenvolvimento de um suplemento nutricional líquido utilizando um isolado proteico de Sesamum indicum

L. Lebensm.-Wiss.-Technology. 36: 67-74.
Lowman, M. D. e Box, J. D. (1983). Variação na dureza das folhas e no conteúdo fenólico entre cinco espécies de árvores da floresta tropical australiana. Australian Journal of Ecology, 8: 17-25.
Lumpkin, T. A. e Plucknett, D. L. (1980). Azolla: botânica, fisiologia e utilização como adubo verde. Econ. Bot. 34: 111-153.
Lyimo, M., Nyagwegwe, S. e Mukeni, E. (1991). Investigação do processamento tradicional de alimentos, preservação, armazenamento e métodos sobre nutrientes vegetais; um caso estudo da Tanzânia, Plant Food Human Nutrition. 41:53-57
Ma, W., M. W. Sutherland, S. Kammholz, P. Banks, P. Brennan, W. Bovill e G. Daggard (2007). Análise do teor de proteína da farinha de trigo e da absorção de água numa população haploide dupla. Journal of Cereal Science. 45: 302-308.
MacDonald, G. A, Lanier, T. C. e Carvajal, P. A. (2000). Stabilization of proteins in Surimi: In Park, J. W., Surimi and Surimi Seafood, New York, Marcel Dekker, 91-125.
Marrs, R. H. e Watt, A. S. (2006). Biological Flora of the British Isles: Pteridium aquilinum. Jornal de Ecologia, 94: 1272-1321.
Martinez, W. H., Beradi, L. C., Gazee, B. B. e Fernandez, D. J. (1967). Um estudo comparativo sobre a preparação de isolados proteicos de sementes de algodão. II. Caracterização e cor. In: Resumos de Trabalhos. 154th meeting, Chicago: Sociedade Americana de Química.
Mate, J. I. e Krochta, J. M. (1994). p-Lactoglobulin separation from whey protein isolate on a large scale. Journal of Food Science 59: 1111-1114.
McHugh, A. (1992). The Cultivation of Ferns (O cultivo de fetos). North Pomfret, VT: Trafalgar Press.
Mills, J. A., Lee, W. G., Mark, A. F. e Lavers, R. B. (1980). Utilização invernal pelo Takahe (Notornis mantelli) do feto verde de verão (Hypolepis millefolium) em relação ao seu ciclo anual de hidratos de carbono e minerais. New Zealand Journal of Ecology, 3: 131-137.
Mishra, V. K, Upadhyay, A. R., Pandey, S. K. e Tripathi, B. D. (2007). Concentrações de metais pesados e macrófitas aquáticas de Govind Ballabh Pant Sagar, um lago antropogénico afetado por efluentes de minas de carvão. Environ Monitoring Assessment, no prelo.
Montgomery, D. C. (2005). Conceção e análise de experiências: Response surface method and designs. New Jersey: John Wiley and Sons, Inc.
Moore, A. W. (1969). Azolla: biologia e significado agronómico. Bot. Rev. 35: 1735.
Moran, R. C. (2004). A natural history of ferns. New Zealand Journal of Ecology. Timber Press. Portland.
Morton, C. V. (1958). Observações sobre fetos cultivados. As espécies e formas de Nephrolepis. American Fern Journal 48: 18-27.
Moure, A., Sineiro, J., Dominguez, H. e Parajo, J. C. (2006). Funcionalidade dos produtos

proteicos de sementes oleaginosas: uma revisão. Food Res Int 39:945 63.
Munger, R. G., Cerhan, J. R. e Chiu, B. C. H. (1999). Estudo prospetivo da ingestão de proteínas na dieta e do risco de fratura da anca em mulheres pós-menopáusicas. American Journal of Clinical Nutrition. 69:147-52.
Murray, D. (2001a). Isolating protein from canola. Oils Fats Int., 17 (3), 19-21.
Murray, D., (2001b). Rapeseed: a potential global source of high quality plant protein. Asia Pacific Food Ind, abril de 2001, 30-34.
Nestel, P. J., Pomeroy, S., Kay, S., Komesaroff, P. Behrsing, J. Cameron, J. D. e West, L. (1999). Isoflavones from red clover improve systemic arterial compliance but not plasma lipids in menopausal women. Journal of Clinical Endocrinology Metabolism. 84: 895-898.
Nielsen, S. S. (2010). Análise de alimentos: Separação e caraterização de proteínas. Série de textos de ciência alimentar. Quarta ed., pp 263-280
Nurdiyana, H., Siti-Mazlina, M. K. e Siti Nor Fadhilah, M. (2008). Otimização da extração de proteínas a partir de resíduos de peixe liofilizados utilizando a metodologia de superfície de resposta (rsm). Jornal Internacional de Engenharia e Tecnologia, Vol. 5(1), pp. 48-56.
O'Donnel, C. e Dilks, P. (1994). Foods and foraging of forest birds in temperate rainforest, South Westland, New Zealand. 18: 87-107.
Oh, B. M., Kweon, M. H. e Ra, K. S. (1994). Isolamento e caraterização do sistema de complemento de ativação de polissacáridos ácidos dos extractos de água quente de Pteridium aquilinum var. latiusculum. Jornal Coreano de Nutrição Alimentar. 7:159 168.
Oldham, J. D. e Alderman, G. (1980). Recent advances in understanding proteinenergy interrelationships in intermediary metabolism in ruminants. In: Protein and energy supply of high producing milk and meat. Pergamon Press. Oxford. pp 728.
Oloyede, F. A., Oloyede, F. M., Saliu, T. L. e Ogunwole, A. A. (2010). Composição química de um feto tropical Ceratopteris cornuta (Parkeriaceae, Pteridophyta) na Nigéria. Ata Botanica Hungarica 52(1-2), pp. 145-150.
Onweluzo, J. C., Obanu, Z. A. e Onuoha, K. C. (1994). Propriedades funcionais de algumas leguminosas tropicais menos conhecidas. Journal of Food Science and Technology. 31:302-306.
Oomah, B. D., Mazza, G. e Cui, W. (1994). Otimização da extração de proteínas da farinha de linhaça. Food Res Int, 27, 355-361.
Oomah, B. D. e Mazza, G. (1993). Flax proteins. A review, Food Chemistry. 48: 109-114.
Ordorica-Falomir, C., Paredes-Loâ Pez, O. e Peza, R. J. (1990). Produção de isolados proteicos de cártamo: Filtração em gel e padrões electroforéticos. Lebensm Wissu Technol, 23, 122-125.
Owen, S. R., Tung, M. A. e Paulson, A. T. (1992). Estudos termorreológicos de dispersões de polímeros alimentares. Jornal de Engenharia Alimentar 16: 39-53.
Pannemans, D. L. E., Wagenmakers, A. J. M., Westerterp, K. R., Schaafsma, G. e Halliday, D. (1998). Effect of protein source and quantity on protein metabolism in elderly

women. American Journal of Clinical Nutrition. 68: 1228-1235.
Parrado, J., Bautista, J. e Machado, A. (1991). Produção de hidrolisado proteico enzimático solúvel a partir de farinha de girassol não descascada e desengordurada industrialmente. Journal of Agriculture, Food Chemistry. 39: 447-450.
Paredes-Loâ Pez, O. (1991). Safflower proteins for food use, in Hudson B J F, Developments in Food Proteins. Nova Iorque, Elsevier Applied Science, 1-33.
Park, H. A., Kweon, M. H., Han, H. M., Sung, H. C. e Yang, H. C. (1998). Efeitos da glicoproteína isolada de Pteridium aquilinum na função imunitária dos ratos. Jornal Coreano de Ciência e Tecnologia Alimentar. 30:976 982.
Pawar, V. D., Patil, J. N., Sakhale, B. K. e Agarkar, B. S. (2001). Estudos sobre propriedades funcionais selecionadas da farinha de girassol desengordurada e dos seus produtos de elevado teor proteico. Journal of Food Science and Technology, Índia. 38: 47-51 (apenas resumo).
Pericin, D., Radulovic, L., Trivic, S. e Dimic, E. (2008). Avaliação da solubilidade das globulinas de sementes de abóbora pelo método da superfície de resposta. Jornal de Engenharia Alimentar, 84: 591-594.
Pietrasik, Z., Jarmoluk, A. e Shand, P. J (. 2007). Efeito das proteínas não cárneas na hidratação e nas propriedades texturais dos géis de carne de porco reforçados com transglautaminase microbiana. LWT-Ciência e Tecnologia Alimentar. 40: 915 20.
Promislow, J. H. E., Goodman-Gruen, D., Slymen, D. J. e Barrett-Connor, E. (2002). Protein consumption and bone mineral density in the elderly (Consumo de proteínas e densidade mineral óssea em idosos). American Journal of Epidemiology 155: 636-644.
Pryer, K. M., Schuettpelz, E., Wolf, P. G., Schneider, H., Smith, A. R. e Cranfill, R. (2004). Phylogeny and evolution of ferns (monilophytes) with a focus on the early leptosporangiate divergences. American Journal of Botany 91: 15821598.
Przybycien, T. M. e Bailey, J. E. (1991). Perturbações da estrutura secundária em precipitados proteicos induzidos por sal, Biochim. Biophys. Ata 1076:103-111.
Rahoma, A. T. M. (1985). Relação da Azolla com alguns factores ecológicos. Dissertação de Mestrado. Universidade de Alexandria, Egito.
Ramos, J. A. (1995). A dieta do priolo dos Açores Pyrrhula murina e a variação florística na sua área de distribuição. Biological Conservation. 71: 237-249.
Ramos, J. A. (1994). Alimentação de frondes de fetos pelo priolo dos Açores. Journal of Avian Biology. 25: 344-347.
Ray, G. (1980). Raiz, caule e folha: Wild Vegetables of Southeast Alaska. Centro de Recursos Regionais do Sudeste, Juneau.
Ray-Yu, Y., Lien-Chung, C., Jenn-Chung, H., Weng, B. B. C., Palada, M. C., Chadha, M. L. e Virginie, L. (2006). Propriedades nutricionais e funcionais das folhas de moringa - do germoplasma, à planta, ao alimento, à saúde. Sociedade Americana de Química, Washington, D.C
Rodríguez, A. E. e Obeso, J. R. (2000). Dieta do tetraz do Cantábrico: Variação geográfica

e conteúdo energético. Ardeola, 47: 77-83.
Sathe, S. K., Hamaker, B. R., Sze-Tao, K. W. C. e Venkatachalam, M. (2002). Isolamento, purificação e caraterização bioquímica de uma nova proteína solúvel em água do amendoim Inca (Plukenetia volubilis L.). Journal of Agriculture, Food Chemistry. 50: 4096-4908.
Sathe, S. K. e Salunkhe, D. K. (1981). Solubilização e caraterização electroforética das proteínas do feijão do Norte (Phaseolus vulgaris L.). Journal of Food Science. 46: 82-87.
Schaefer, H. M., Schmidt, B. e Bairlein, F. (2003). Capacidade de discriminação de nutrientes: que diferença é importante para as aves exigentes e porquê? Animal Behaviour. 65: 531-541.
Schenz, T. W. e Morr, C. V. (1996). Viscosity in methods of testing protein functionality. Hall, G. M. (Ed), Blackie Academic and Professional, Londres, pp: 71-75
Schuettpelz, E. (2007). A evolução e diversificação dos fetos epífitos. Tese de doutoramento da Duke University. http://dukespace.lib.duke.edu/dspace/bitstream/10161/181/1
Schuettpelz, E. e Pryer, K. M. (2007). "Filogenia de fetos inferida a partir de 400 espécies de Leptosporangiate e 3 genes plastidiais". Taxon 56(4):1037-1050.
Sen, M. e Bhattacharyya, D. K. (2001). Hypolipidemic effect of enzymatically extracted sunflower seed protein fraction (Efeito hipolipidémico da fração proteica de sementes de girassol extraída enzimaticamente). Journal of Food Science and Agriculture. 81: 347-352.
Seigler, D. S. (1991). Cyanide and cyanogenic glycosides. Em, G Rosenthal e B Berenbaum (Eds.): Herbivores: Their Interactions with Secondary Plant Metabolites, Vol 1, pp. 35-77. Academic Press. San Diego.
Sellmeyer, D. E., Stone, K. L., Sebastian, A. e Cummings, S. R. (2001). Um rácio elevado de proteína animal e vegetal na dieta aumenta a taxa de perda óssea e o risco de fratura em mulheres na pós-menopausa. American Journal of Clinical Nutrition 73: 118-122.
Shahidi, F., Han, X. Q. e Synowiecki, J. (1995). Produção e caraterísticas de hidrolisados proteicos de capelim (Mallotus villosus). Food Chemistry. 53: 285-293.
Shamanthaka-Sastry, M. e Narasinga Rao, M. S. (1990). Ligação do ácido colerético pela proteína 11S isenta de polifenóis isolada de sementes de girassol (Helianthus annuus). Journal of Agriculture, Food Chemistry. 38: 2103-2110.
Shin, S. L. (2010). Componentes funcionais e actividades biológicas de Pteridófitas como biomateriais saudáveis. Dissertação de doutoramento, Universidade Nacional de Chungbuk, Cheongju, Coreia.
Shrestha, M. K., Peri, I., Smirnoff, P., Birk, Y. e Golan-Goldhirsh, A. (2002). Jojoba seed meal proteins associated with proteolytic Y. and protease inhibitory activities. Journal of Agriculture, Food Chemistry. 50: 5670-5675.
Siddiq, M., Nasir, M., Ravi, R., Dolan, K. D. e Butt, M. S. (2009). Effect of defatted maize germ addition on the functional and textural properties of wheat flour (Efeito da adição de

gérmen de milho desengordurado nas propriedades funcionais e texturais da farinha de trigo). International Journal of Food Propagation. 12: 860-870

Sikorski, Z. E. (1997). Proteins, em Chemical and Functional Properties of Food Components. Segunda edição. Technomic Publishing Co. Inc., Lancaster, PA. pp. 142-144.

Singh, P., Kumar, R., Sabapathy, S. N. e Bawa, A. S. (2008). Utilizações funcionais e comestíveis de produtos de proteína de soja. CRFSFS 7:14 28.

Smith, A. R., Pryer, K. M., Schuettpelz, E., Korall, P., Schneider, H. e Wolf, P. G. (2008). "Davalliaceae". In: "Classificação dos Fetos". Biology and Evolution of Ferns and Lycophytes. Cambridge University Press. pp 417-467

Smith, A. R., Pryer, K. M., Schuettpelz, E., Korall, P., Schneider, H. e Wolf, P. G. (2006). Uma classificação para os fetos existentes. Taxon 55 (3): 705 731.

Thakur, R. C., Hosoi, Y. e Ishii, K. (1998). Propagação rápida in vitro de Matteuccia struthiopteris (L.) Todaro, um feto comestível. Plant Cell Rep. 18:203 208.

Thompson, L. U., Liu, R. F. K. e Jones, J. D. (1982). Propriedades funcionais e aplicações alimentares do concentrado proteico de colza. Journal of Food Science. 47: 1175-1180.

Thompson, L. U. (1977). Preparação e avaliação de isolados proteicos de feijão mungo. Journal of Food Science. 42: 202-206.

Tiezheng, M., Qiang, W. e Haiwen, W. (2010). Otimização das condições de extração para melhorar a solubilidade dos concentrados proteicos de amendoim através da metodologia de superfície de resposta. LWT - Ciência e Tecnologia Alimentar 43: 1450-1455.

Tikkanen, M. J., Wahala, K., Ojala, S., Vihma, V. e Adlecrerutz, H. (1998). Effect of soybean phytoestrogen intake on low density lipoprotein oxidation resistance. Proclamações da Academia Nacional de Ciências 95, P3106- P3110.

Tömösközi, S., Gyenge, L., Pelcéder, Á., Varga, J., Abonyi, T. e Lásztity, R. (2008). Propriedades funcionais de preparações proteicas de sementes de amaranto num sistema modelo. Investigação e Tecnologia Alimentar Europeia. 226:1343 134.

Triveni, R., Shamala, T. R. e Rastogi, N. K. (2001). Produção optimizada e utilização de exopolissacarídeo de Agrobacterium radiobacter. Proc. Bioquímica, 36: 787-795.

Tyron, R. (1986). Biogeography of species, with special reference to ferns. Botanical Review, 52: 117- 156.

Tyron, R. M. e Tyron, A. F. (1982). Ferns and allied plants, with special reference to Tropical America. Springer-Verlag, Nova Iorque. Organização Mundial de Saúde (1985) Energy and protein requirements. World Health Organisation Technical Report Series 724, WHO Switzerland.

Turner, N. J., Gotiesfeld, L. M. J., Kuhnlein, H. V. e Ceska, A. (1992). Porta-enxertos de samambaias comestíveis do oeste da América do Norte: Solving an ethnobotanical puzzle. Journal of Ethnobiology. Vol. 12 (1).

Turner, N. (1973). A etnobotânica dos índios Bella Coola da Colúmbia Britânica. Syesis

6:193-220.
Upadhyay, A. R., Mishra, V. K., Pandey, S. K. e Tripathi, B. D. (2007). Biofiltração de águas residuais municipais tratadas secundariamente numa cidade tropical. Ecol. Engin. 30: 9 15.
Uzzan, A., (1988). Produtos de proteína vegetal a partir de sementes: tecnologia e utilizações na indústria alimentar. Em Hudson B. J. F., Developments in Food Proteins, Nova Iorque, Elsevier Applied Science, 6, 73-118.
Vaclavik, V. A. e Christian, E. W. (2008). Essentials of food science. 3ª Edição, Springer science+Business media LLC. Nova Iorque, EUA.
Vani, B. e Zayas, J. F. (1995). Solubilidade e retenção de água da farinha de proteína de gérmen de trigo. Journal Food Science 60: 845 848.
Ventureira, J. L., Bolontrade, A. J., Speroni, F., Briand, E. D., Scilingo, A. A., Ropers, M. H., Boury, F., Añón, M. C. e Marc, A. (2011). Propriedades interfaciais e emulsificantes de isolados proteicos de amaranto (Amaranthus hypochondriacus) em diferentes condições de pH. LWT - Ciência e Tecnologia Alimentar (45) 1-7.
Wang, M., Hettiarachchy, N. S., Qi, M., Burks, W. e Siebenmorgen, T. (1999). Preparação e propriedades funcionais do isolado proteico de farelo de arroz. Jornal de Agricultura, Química Alimentar. 47: 411-416.
Wani, A. A., Sogi, D. S., Grover, L. e Saxena, D. C. (2006). Effect of temperature, alkali concentration, mixing time and meal solvent ratio on the extraction of watermelon seed proteins-response surface approach. Biosystems Engineering 94(1): 67-73.
Wei, J. (2010). Fetos, frutos secos e gramíneas comestíveis. http://hubpages.com/hub/Edible-Ferns-Nuts and-Grasses. (Acedido em 27 de fevereiro de 2012)
Widén, C. J., Fraser-Jenkins, C. R., Reichstein, T. e Sarvela, J. (2001). Uma pesquisa de compostos fenólicos em Dryopteris e géneros de fetos relacionados. Parte III. Derivados do cloroglucinol nos subgéneros Erythrovaria e Nephrocystis e géneros afins (Pteridophyta, Dryopteridaceae). Ann. Bot. Fennici 38: 99-138.
Widén, C. J., Sarvela, J. e Britton, D. M. (1983). On the location and distribution of phloroglucinols (filicin) in ferns. Novos resultados e revisão da literatura. Ann. Bot. Fennici 20: 407-417.
Wierenga, P. A. e Gruppen, H. (2010). Novos pontos de vista sobre espumas de soluções proteicas. Em: Extração de Proteína de Milho Desengordurada: Otimização por Metodologia de Superfície de Resposta e Propriedades Funcionais. Jornal Americano de Tecnologia Alimentar, 6: 870-881.
Xu, L, Lui, F., Luo, H. e Diosady, L. L. (2003). Produção de isolados proteicos a partir de farinhas de mostarda amarela por processos de membrana. Food Res Int, 36, 849856.
Yada, R. Y. (2004). Proteins in food processing. Boca Raton Boston. Nova Iorque, Washington, DC.
Yadav, S. K e Sehgal, A. (1997). Effect of home processing on ascorbic acid and beta

carotene content of bathua (Chenopodium album) and fenugreek (Trigonella foenungraecum) leaves. Plant Food Hum. Nutr. 50: 239-247.
Yeoh, H. H. e Wee, Y. C. (1998). Total amino acid compositions of tropical ferns and gymnosperms. Asian Journal of Tropical Biology 3(1), 13-18.
Yi, S., Bingjian, D., Ting, Z., Bing, H., Fei, Y., Rui, Y., Xiaosong, H., Yuanying, N. e Quanhong, L. (2011). Otimização do processo de extração por superfície de resposta metodologia e análise estrutural preliminar de polissacáridos de bolos de amendoim desengordurados (Arachis hypogaea). Carbohydrate Research 346: 305- 310
Yuno-Ohta, N., Maeda, H., Okada, M. e Ohta, H. (1994). Géis de globulina de arroz induzidos pelo calor: comparação das propriedades do gel com as globulinas de soja e de sésamo. Journal of Food Science. 59: 366-370.
Zahrann, H. H., Abo-Ellil, A. H., Al-Sherif, E. A. (2007). Propagação, taxonomia e caraterísticas ecofisiológicas de Azolla-Anabaena. Egyptian Journal of Biology, Vol. 9, pp 1-12.
Zhang, S., Zhong, G., Liu, B. e Wang, B. (2011). Propriedades físico-químicas e funcionais do amido de rizoma de samambaia (Pteridium aquilinum). Starch Journal 63: 468-474.
Zhang, S. H., Qin, H. B., Hong, Y. (2008). Estudo das propriedades físicas e químicas do amido de raiz de samambaia. Ciência dos Alimentos. 29: 11 117 (Em chinês com resumo em inglês).
Zimmerman, R. H. e Jones J. B. (1991). Micropropagação comercial na América do Norte. In: P.C. Debergh & R.H. Zimmerman (eds.). Micropropagation: Technology and Application. Kluwer Acad.

APÊNDICES

Apêndice 1: Cálculo da análise aproximada

Apêndice 1a: Cálculo do teor de humidade

$$\% \text{ Moisture} = \frac{(\text{weight of sample} - \text{weight of dry sample})}{\text{weight of sample}} \times 100$$

Apêndice 1b: Cálculo do teor de cinzas

$$\% \text{ Ash} = \frac{(\text{weight after ashing} - \text{weight of empty crucible})}{\text{weight of sample}} \times 100$$

Apêndice 1c: Cálculo do teor de matéria gorda

$$\% \text{ Fat} = \frac{(\text{weight of fat})}{\text{weight of sample}} \times 100$$

Apêndice 1d: Cálculo do teor de proteína bruta

$$\% \text{ Nitrogen} = \frac{(S_t - S_b)\ 100 \times 0.1 \times 0.014 \times 100}{\text{Sample weight} \times 10}$$

S_t= Título da amostra

S_b= Título do branco

A percentagem de azoto (%N) foi convertida em percentagem de proteína bruta multiplicando-a por um fator de 6,25 (%Proteína = % N x 6,25).

Apêndice 1e: Cálculo do teor de fibra bruta

$$\%\text{Crude fiber} = \frac{(\text{weight of dry insoluble residue} - \text{weight of ash})}{\text{weight of sample}} \times 100$$

Apêndice 1e: Cálculo do teor de hidratos de carbono

% Hidratos de carbono = 100 (% humidade + % gordura bruta + % proteína bruta + % fibra bruta + % cinzas)

Apêndice 2: Curva padrão

Amount of Substance (mg)	**Volume of stock solution (μL)**	**Volume of buffer (μL)**	**Mean absorbance(nm)**
0.01	10	490	0.003
0.02	20	480	0.004
0.03	30	470	0.003
0.04	40	460	0.004
0.05	50	450	0.007
0.1	100	400	0.010
0.2	200	300	0.016
0.3	300	200	0.030
0.4	400	100	0.037
0.5	500	0	0.045

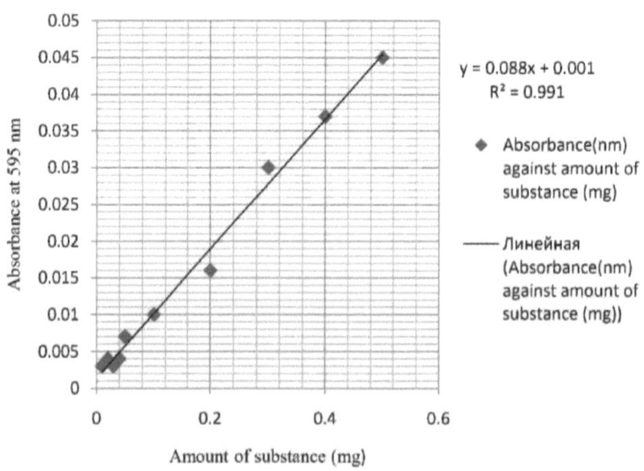

APÊNDICE 3: Tabelas ANOVA

Apêndice 3a: ANOVA para o modelo 2FI reduzido de superfície de resposta para as proteínas de Nephrolepis biserrata utilizando NaOH

Source	Sum of Squares	df	Mean Square	F-Value	p-value Prob > F	
Block	0.039551	1	0.039551			
Model	69.54814	5	13.90963	43.3283	< 0.0001	significant
A-[NaOH]	1.934573	1	1.934573	6.026168	0.0214	
B-Time	0.103349	1	0.103349	0.32193	0.5755	
C-NaOH	61.09521	1	61.09521	190.3107	< 0.0001	
AB	3.040354	1	3.040354	9.47066	0.0050	
AC	3.374656	1	3.374656	10.51201	0.0034	
Residual	8.025717	25	0.321029			
Lack of Fit	6.121695	13	0.4709	2.96782	0.0343	not significant
Pure Error	1.904022	12	0.158669			
Cor Total	77.61341	31				

Apêndice 3b: ANOVA para o modelo 2FI de superfície de resposta para proteínas de Arthropteris orientalis usando NaOH

Source	Sum of Squares	df	Mean Square	F-Value	p-value Prob > F	
Block	0.07574	1	0.07574			
Model	10.68107	6	1.780179	48.80653	< 0.0001	significant
A-[NaOH]	1.101928	1	1.101928	30.21118	< 0.0001	
B-Time	0.014732	1	0.014732	0.403897	0.5311	
C-NaOH	7.965945	1	7.965945	218.3995	< 0.0001	
AB	0.122175	1	0.122175	3.349635	0.0797	
AC	1.379175	1	1.379175	37.81236	< 0.0001	
BC	0.097118	1	0.097118	2.662655	0.1158	
Residual	0.875381	24	0.036474			
Lack of Fit	0.401175	12	0.033431	0.845993	0.6116	not significant
Pure Error	0.474206	12	0.039517			
Cor Total	11.6322	31				

Apêndice 3c: ANOVA para o modelo quadrático de superfície de resposta para Nephrolepis biserrata usando etanol

Source	Sum of Squares	df	Mean Square	F-Value	p-value Prob > F	
Block	1.513879	1	1.513879			
Model	14.5242	5	2.90484	6.97058	0.0063	significant
A-[Etol]	10.18141	1	10.18141	24.43174	0.0008	
B-Time	0.88865	1	0.88865	2.132443	0.1782	
AB	0.779609	1	0.779609	1.870783	0.2046	
A^2	2.61168	1	2.61168	6.267101	0.0337	
B^2	0.217234	1	0.217234	0.521283	0.4886	
Residual	3.750558	9	0.416729			
Lack of Fit	2.591366	3	0.863789	4.47099	0.0566	not significant
Pure Error	1.159191	6	0.193199			
Cor Total	19.78864	15				

Apêndice 3d: ANOVA para o modelo cúbico de superfície de resposta (Aliased) para Arthropteris orientalis utilizando etanol.

Source	Sum of Squares	df	Mean Square	F-Value	p-value Prob > F	
Block	0.187204	1	0.187204			
Model	14.4777	7	2.068243	8.688748	0.0053	significant
A-[Etol]	4.658184	1	4.658184	19.56916	0.0031	
B-Time	0.188275	1	0.188275	0.790948	0.4033	
AB	0.037539	1	0.037539	0.157703	0.7031	
A^2	0.598018	1	0.598018	2.512289	0.1570	
B^2	0.004624	1	0.004624	0.019424	0.8931	
A^2B	0.047017	1	0.047017	0.19752	0.6701	
AB^2	0.001961	1	0.001961	0.008239	0.9302	
A^3	0	0				
B^3	0	0				
Residual	1.666259	7	0.238037			
Lack of Fit	0.054474	1	0.054474	0.202786	0.6683	not significant
Pure Error	1.611785	6	0.268631			
Cor Total	16.33117	15				

Apêndice 3e: ANOVA para o modelo quadrático de superfície de resposta para Nephrolepis biserrata utilizando NaCl

Source	Sum of Squares	df	Mean Square	F-Value	p-value Prob > F	
Model	0.982355	5	0.196471	11.96568	0.0009	significant
A-NaCl	0.176515	1	0.176515	10.75029	0.0095	
B-Time	0.029527	1	0.029527	1.79829	0.2128	
AB	0.06122	1	0.06122	3.728479	0.0855	
A^2	0.486734	1	0.486734	29.64357	0.0004	
B^2	0.001171	1	0.001171	0.071308	0.7955	
Residual	0.147776	9	0.01642			
Lack of Fit	0.043308	3	0.014436	0.829114	0.5244	not significant
Pure Error	0.104468	6	0.017411			
Cor Total	1.130131	14				

Apêndice 3f: ANOVA para o modelo quadrático de superfície de resposta para Arthropteris orientalis utilizando NaCl

Source	Sum of Squares	df	Mean Square	F-Value	p-value Prob > F	
Model	0.117188	2	0.058594	5.977334	0.0108	significant
A-NaCl	0.008071	1	0.008071	0.823324	0.3769	
A^2	0.109117	1	0.109117	11.13134	0.0039	
Residual	0.166645	17	0.009803			
Lack of Fit	0.103629	6	0.017271	3.014857	0.0539	not significant
Pure Error	0.063017	11	0.005729			
Cor Total	0.283833	19				

APÊNDICE 4: Cálculo das propriedades funcionais

Apêndice 4a: % de solubilidade

Solubilidade (%) = (teor proteico do sobrenadante/teor proteico das amostras) x 100

Apêndice 4b: % de capacidade de espuma

$$FC = \frac{Vt - V_1}{100} \times 100$$

Sendo Vt = volume de espuma, V1 = volume de água desionizada

Apêndice 4c: Percentagem de solubilidade precipitada a 0,5 M de HCl para NB e AO

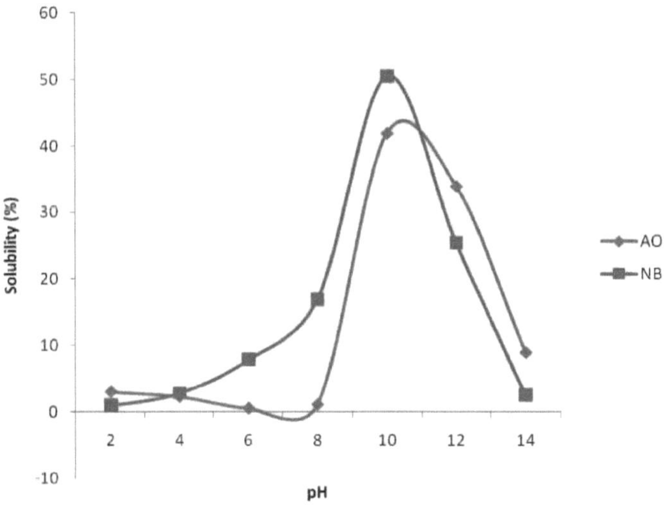

APÊNDICE 5: CORRELAÇÃO ENTRE O VALOR DE RESPOSTA PREVISTO E O VALOR DE RESPOSTA EFECTIVO

Apêndice 5a: Correlação entre a proteína prevista e a proteína efetivamente extraída (mg mL^{-1}) de Nephrolepis biserrata

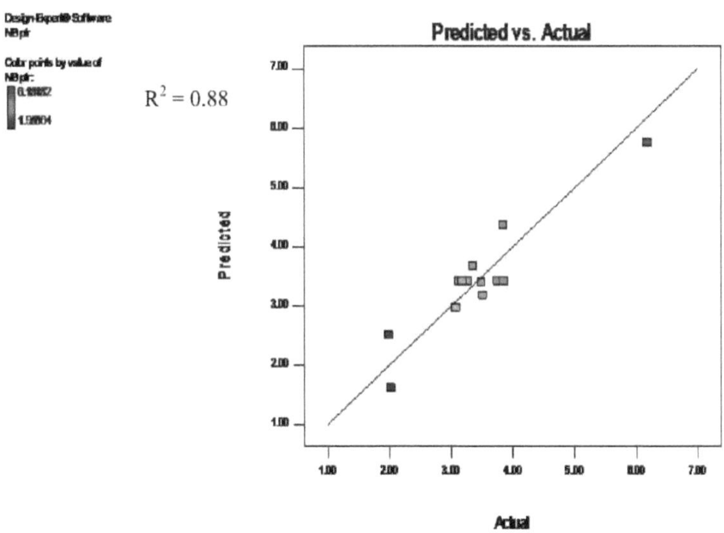

Apêndice 5b: Correlação entre as proteínas calculadas e as extraídas experimentalmente de Arthropteris orientalis

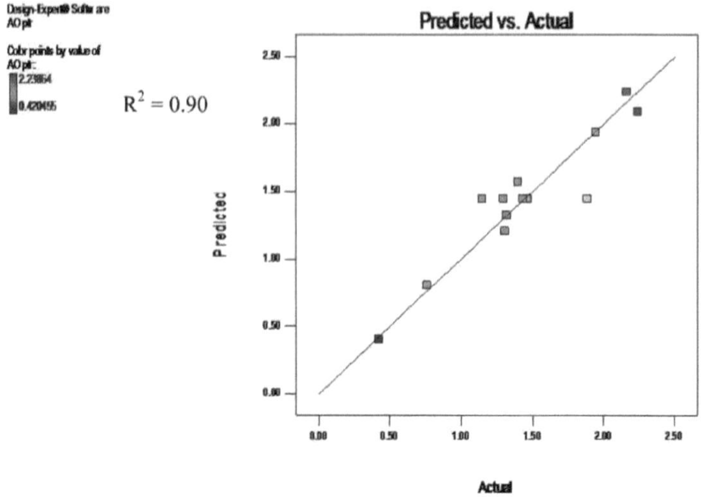

MIX
Papier aus verantwortungsvollen Quellen
Paper from responsible sources
FSC® C105338

Printed by Books on Demand GmbH, Norderstedt / Germany